普通高等教育"十二五"规划教材

分析化学实验

陈燕清　涂新满　主编

化学工业出版社

·北京·

本书共 4 章，包括分析化学实验基础知识、分析化学实验的基本操作、基础实验及综合实验。实验部分包括了 23 个基本实验项目，分析方法主要涉及经典的化学定量分析，从基本操作入手，涵盖了酸碱滴定、氧化还原滴定、络合滴定、沉淀滴定、光度分析及重量法分析等。许多分析实验内容与环境、材料分析相结合。实验后有思考题，引导学生思考，加深对实验内容的理解。附录还提供了分析化学实验试卷范例。

本书可作为高等理工科院校应用化学专业、材料化学、环境工程专业、金属材料工程等专业的本、专科生的教材，也可供相关专业师生及科技人员参考。

图书在版编目（CIP）数据

分析化学实验/陈燕清，涂新满主编 . —北京：化学工业
出版社，2014.6（2017.3 重印）
普通高等教育"十二五"规划教材
ISBN 978-7-122-20481-3

Ⅰ.①分…　Ⅱ.①陈…②涂…　Ⅲ.①分析化学-化学实
验-高等学校-教材　Ⅳ.①O652.1

中国版本图书馆 CIP 数据核字（2014）第 081257 号

责任编辑：刘俊之　　　　　　　　　　文字编辑：颜克俭
责任校对：吴　静　　　　　　　　　　装帧设计：史利平

出版发行：化学工业出版社（北京市东城区青年湖南街 13 号　邮政编码 100011）
印　　刷：北京市振南印刷有限责任公司
装　　订：北京国马印刷厂
787mm×1092mm　1/16　印张 7½　字数 178 千字　2017 年 3 月北京第 1 版第 2 次印刷

购书咨询：010-64518888（传真：010-64519686）　售后服务：010-64518899
网　　址：http://www.cip.com.cn
凡购买本书，如有缺损质量问题，本社销售中心负责调换。

定　　价：19.00 元

前　言

　　分析化学是人们获得物质化学组成和结构信息的科学，是众多理工科专业的重要基础课程，是一门实践性很强的学科。分析化学实验是实践性教学环节的一门主要课程，通过分析化学实践环节的训练，可以使学生巩固和加深对理论知识的理解，了解分析化学的研究方法和手段，掌握分析化学的基本操作技能，培养学生的创新意识和能力。

　　《分析化学实验》是根据我校使用多年的教学讲义补充改编而成。内容编排上注重层次性和系统性，强调少而精地做好基础实验，同时增加了以分析实际样品为主要目的的设计性、综合性实验。附录增加了三套分析化学实验试卷，通过思考题和习题，引导学生思考，加深学生对实验内容的理解。

　　本书的主要内容有以下三个方面。

　　1. 分析化学实验基本知识和定量分析基本操作。便于学生正确地、熟练地掌握分析化学的基本知识、基本操作。

　　2. 基础实验。主要是以电子天平称量、滴定分析操作、重量分析操作、分光光度计使用为基础的分析化学实验。通过经典的分析实验让学生确立严格的量的概念，培养实事求是的科学态度和认真、细致的工作作风，严谨务实的科学态度与良好的实验习惯。

　　3. 综合性实验。综合性实验在内容选取和安排上，不仅注意实验的典型性、系统性，还注意结合无机材料分析、环境分析等专业学科的特点，强调知识的实用性、综合性。这样的训练，使学生在扎实的理论基础上有较强的动手能力。

　　参与本书编写和审核的有南昌航空大学陈燕清、涂新满、邓安民、王玉华等，罗旭彪主审。全书由陈燕清和涂新满主编和统稿。在编写过程中，得到南昌航空大学环境与化学工程学院的支持，还有对本书的编写给予无私帮助的同仁，在此一并表示衷心感谢！

　　由于编者水平有限，书中难免有不当之处，恳请同仁和读者的批评指正，以使教材编写更好，更符合教学要求和规律，获得更好的教学效果。

编者

2014 年 2 月

目　　录

第1章　分析化学实验基础知识 ……………………………………………………… 1

　1.1　分析化学实验室安全知识和规则 …………………………………………… 1

　　1.1.1　实验室用水安全 …………………………………………………………… 1

　　1.1.2　实验室用电安全 …………………………………………………………… 1

　　1.1.3　实验室用火（热源）**安全** ……………………………………………… 1

　　1.1.4　实验室使用压缩气的安全 ………………………………………………… 3

　　1.1.5　化学实验废液（物）的安全处理 ………………………………………… 3

　1.2　分析实验室用水规格 ………………………………………………………… 4

　1.3　常用试剂的规格、使用和保存 ……………………………………………… 5

　　1.3.1　化学试剂的分类 …………………………………………………………… 5

　　1.3.2　使用试剂注意事项 ………………………………………………………… 6

　　1.3.3　试剂的保存 ………………………………………………………………… 6

　1.4　溶液的浓度及其配制 ………………………………………………………… 7

　　1.4.1　常用的溶液浓度表示方法 ………………………………………………… 7

　　1.4.2　溶液的配制 ………………………………………………………………… 8

　　1.4.3　缓冲溶液的配制 …………………………………………………………… 8

　1.5　实验数据处理 ………………………………………………………………… 9

　　1.5.1　误差 ………………………………………………………………………… 9

　　1.5.2　系统误差与随机误差 ……………………………………………………… 9

　　1.5.3　准确度和精确度 …………………………………………………………… 10

　　1.5.4　有效数字的运算法则 ……………………………………………………… 11

　　1.5.5　有限实验数据的统计处理 ………………………………………………… 12

　　1.5.6　实验数据的处理 …………………………………………………………… 14

　1.6　实验数据的记录、处理和实验报告 ………………………………………… 16

　　1.6.1　实验数据的记录 …………………………………………………………… 16

　　1.6.2　分析数据的处理 …………………………………………………………… 16

　　1.6.3　实验报告格式 ……………………………………………………………… 16

第2章　分析化学实验基本操作 …………………………………………………… 17

　2.1　常用玻璃器皿的洗涤和干燥 ………………………………………………… 17

　　2.1.1　定量分析实验常用器皿介绍 ……………………………………………… 17

　　2.1.2　容器的洗涤 ………………………………………………………………… 20

　　2.1.3　容器的干燥 ………………………………………………………………… 21

　2.2　称量的基本操作 ……………………………………………………………… 21

　　2.2.1　托盘天平的使用 …………………………………………………………… 21

　　2.2.2　等臂双盘电光天平 ………………………………………………………… 22

　　2.2.3　电子天平的使用 …………………………………………………………… 24

　2.3　滴定分析仪器及基本操作 …………………………………………………… 26

　　2.3.1　容量瓶 ……………………………………………………………………… 26

2.3.2 滴定管 ·· 26

2.3.3 移液管和吸量管 ·· 28

2.4 重量分析基本操作 ··· 30

2.4.1 滤纸和滤器 ··· 30

2.4.2 沉淀的生成 ··· 32

2.4.3 沉淀的过滤和洗涤 ·· 32

2.4.4 沉淀的烘干与灼烧 ·· 34

2.4.5 马弗炉 ·· 35

2.4.6 干燥器 ·· 36

2.5 吸光光度法和仪器介绍 ·· 37

2.5.1 使用方法 ·· 38

2.5.2 可见分光光度计使用的注意事项 ·· 39

2.5.3 比色皿使用注意事项 ·· 39

第 3 章 基础实验 ··· 40

实验一 电子分析天平的称量练习 ··· 40

实验二 酸碱标准溶液的配制和浓度的比较 ·· 41

实验三 盐酸标准溶液的配制与标定 ·· 43

实验四 碱液中 NaOH 及 Na_2CO_3 含量的测定 ·· 44

实验五 EDTA 标准溶液的配制和标定 ··· 46

实验六 自来水的硬度测定 ·· 49

实验七 铅铋混合液中 Bi^{3+}、Pb^{2+} 的连续测定 ·· 51

实验八 高锰酸钾标准溶液的配制和标定 ·· 54

实验九 石灰石中钙的测定 ·· 55

实验十 碘和硫代硫酸钠标准溶液的配制和标定 ··· 58

实验十一 水中氯含量的测定 ··· 62

实验十二 邻二氮菲吸光光度法测定铁 ··· 64

实验十三 氯化钡中钡的测定 ··· 66

第 4 章 综合实验 ··· 69

实验十四 铵盐中氮含量的测定 ·· 69

实验十五 化学耗氧量（COD）的测定 ··· 71

实验十六 铁矿石中铁含量的测定 ··· 74

实验十七 间接碘量法测定铜合金中的铜 ·· 76

实验十八 铝合金中铝含量的测定 ··· 78

实验十九 铜合金中铜的配位置换滴定法 ·· 80

实验二十 紫外双波长光度法测定对苯酚中苯酚的含量 ·· 81

实验二十一 钢铁中镍的测定 ··· 83

实验二十二 Fe_3O_4 磁性材料的制备及分析 ·· 85

实验二十三 光亮镀镍溶液中主要成分的分析 ·· 87

附录 ·· 91

附录一 标准实验报告样式 ·· 91

附录二 相对原子质量表 ··· 92

附录三 常用基准物质的干燥、处理和应用 ·· 93

附录四 常用酸碱的密度和浓度 ·· 93

附录五 常用指示剂的配制 ·· 93

附录六 标准溶液和几种常用缓冲溶液的配制 ·········· 97

附录七 定量和定性分析滤纸的规格 ·········· 98

附录八 溶解无机样品的一些典型方法 ·········· 98

附录九 定量分析实验仪器清单 ·········· 99

附录十 常用正交设计表 ·········· 99

附录十一 滴定分析实验操作（NaOH 溶液浓度的标定）考查表 ·········· 100

附录十二 分析化学实验考试试卷 Ⅰ ·········· 101

附录十三 分析化学实验考试试卷 Ⅱ ·········· 104

附录十四 分析化学实验考试试卷 Ⅲ ·········· 107

参考文献 ·········· 111

第1章　分析化学实验基础知识

1.1　分析化学实验室安全知识和规则

为保障进入实验室工作人员的人身安全和国家财产安全，保证实验室承担的教学和科研工作的顺利进行，当第一次进入实验室时，该实验室相关负责人的首要职责，就是对未来实验的人员进行安全教育。而作为学习与化学相关专业的学生本人，必须具备最基本的实验室安全知识。

人们在长期的化学实验过程中，总结了关于实验室工作安全的七个字："水、电、门、窗、气、废、药"，这七个字涵盖了实验室工作中使用水、电、气体、试剂、实验过程产生的废物处理和安全防范的关键字眼。下面分别对上述问题进行讨论。

1.1.1　实验室用水安全

使用自来水后要及时关闭阀门，尤其遇突然停水时，要立即关闭阀门，以防来水后跑水。离开实验室之前应再检查自来水阀门是否完全关闭（使用冷凝器时容易忘记关闭冷却水，要特别注意）。

1.1.2　实验室用电安全

实验室用电有十分严格的要求，不能随意。必须注意以下几点。

① 所有电器必须由专业人员安装。

② 不得任意另拉、另接电源。

③ 使用电器之前，先详细阅读有关的说明书及资料，并按照要求去做。

④ 所有电器的用电量应与实验室的供电及用电端口匹配，绝不可超负荷运行，以免发生事故。谨记：任何情况下发现用电问题（事故）时，应首先关闭电源！

⑤ 发生触电事故的应急处理：若遇触电事故，应立即使触电者脱离电源——拉下电源或用绝缘物将电线拨开（注意千万不可徒手去拉触电者，以免抢救者也被电流击倒）。同时，应立即将触电者抬至空气新鲜处，如电击伤害较轻，则触电者短时间内可恢复知觉；若电击伤害严重或已停止呼吸，则应立即为触电者解开上衣并及时做人工呼吸和给氧。对触电者的抢救必须要有耐心（有时要连续数小时），同时忌注射强心兴奋剂。

1.1.3　实验室用火（热源）安全

目前，实验过程中使用的热源大多用电，但也有少数直接用明火（如用煤气灯）。首先，不管采用什么形式获得热源都必须十分注意用火（热源）的规定及要求。

① 使用燃气热源装置，应经常对管道或气罐进行检漏，避免发生泄漏引起火警。

② 加热易燃试剂时，必须使用水浴、油浴或电热套，绝对不可使用明火。

③ 若加热温度有可能达到被加热物质的沸点，则必须加入沸石（或碎瓷片），以防暴沸伤人，实验人员不得离开实验现场。

④ 用于加热的装置，必须是规范厂家的产品，不可随意使用简便的器具代替。

⑤ 如果在实验过程中发生火灾，第一时间要做的是：将电源和热源（或煤气等）断开。起火范围小可以立即使用合适的灭火器材进行灭火，但若火势有蔓延趋势，必须同时立即报警。

常用的灭火器及其适用范围见表 1.1。

表 1.1　常用的灭火器及其适用范围

类型	药液成分	适用范围
酸碱式	$H_2SO_4 + NaHCO_3$	非油类及非电器灭火的一般火灾
泡沫式	$Al_2(SO_4)_3 + NaHCO_3$	油类灭火
二氧化碳	液体 CO_2	电器灭火
四氯化碳	液体 CCl_4	电器灭火
干粉灭火	粉末主要成分为 Na_2CO_3 等盐类物质，加入适量润滑剂、防潮剂	油类、可燃气体、电器设备、精密仪器、文件记录和遇水燃烧等物品的初期火灾
1211	CF_2ClBr	油类、有机溶剂、高压电器设备、精密仪器等失火

水虽然是大家共知的常用灭火材料，但在化学实验室的灭火中要慎用。因为大部分易燃的有机溶剂都比水轻，会浮在水面上流动，此时用水灭火，非但不能灭火反而会使火势扩大蔓延；有的试剂能与水发生剧烈的反应，产生大量的热能引起燃烧加剧，甚至爆炸。

根据燃烧物质的性质，国际上统一将火灾分为 A、B、C、D 四类，必须根据不同的火灾原因，选择相应的灭火器材。火灾类别及灭火器材的选用见表 1.2。

表 1.2　火灾类别及灭火器材的选用

火灾类型	燃烧物质	灭火器材	注意事项（灭火效果）
A 类	木材、纸张、棉布等	水、泡沫式、酸碱式	酸碱式灭火器喷出的主要是水和二氧化碳气体，而泡沫式灭火器除了有水和二氧化碳气体外，同时喷出发泡剂，与水、二氧化碳混合在一起，形成被液体包围的细小气泡群，在燃烧物表面形成抗热性好的泡沫层，阻止燃烧气化和外界氧气的侵入
B 类	可燃烧液体（液态石油化工产品，食用油脂和涂料稀释剂等）	泡沫式灭火器，切记：不能用水和酸碱式灭火器	可用泡沫式灭火器，其作用如前述。B 类火灾还可以用二氧化碳灭火器和四氯化碳灭火器，注意：①使用二氧化碳灭火器时人要站在上风处，以免二氧化碳中毒，手和身体不要靠近喷射管和套筒，以防低温（约 −70℃）冻伤。另外，二氧化碳灭火器的有效喷射距离仅为 1.5～2m。②四氯化碳灭火器：由于四氯化碳在高温下可能会转化为剧毒的光气，所以使用时应保持一定的距离
C 类	可燃性气体（天然气、城市生活用煤气、沼气、液化石油气等）	干粉灭火器	干粉灭火器灭火时间短、灭火能力强，禁用水、酸碱式和泡沫式灭火器
D 类	可燃性金属（钾、钠、钙、镁、铝、钛等）	砂土	严禁用水、酸碱式、泡沫式和二氧化碳灭火器灭火。扑灭 D 类火灾最经济有效的材料是砂土（注意消防用砂土应该清洗干净且放置在固定位置）。另外，偏硼酸三甲酯（TMB）灭火剂，因其受热分解，吸收大量的热量，并在可燃性金属表面生成氧化硼保护膜，隔绝空气。原位石墨灭火剂：由于它受热迅速膨胀，生成较厚的海绵状保护层，使燃烧区温度骤降，并隔绝空气，迅速灭火

1.1.4　实验室使用压缩气的安全

根据实验室任务的不同，实验室常用的压缩气体及气体钢瓶的标志如表1.3所示。使用压缩气（钢瓶）时应注意如下事项。

表 1.3　常用的压缩气体及气体钢瓶的标志

内装气体名称	外表涂料颜色	字样	字样颜色	横条颜色
氧气	天蓝	氧	黑	—
氢气	深绿	氢	红	红
氮气	黑	氮	黄	棕
氩气	灰	氩	绿	—
压缩空气	黑	压缩空气	白	—
石油气体	灰	石油气体	红	—
硫化氢	白	硫化氢	红	红
二氧化硫	黑	二氧化硫	白	黄
二氧化碳	黑	二氧化碳	黄	—
光气	草绿	光气	红	红
氦气	黄	氦	黑	—
氯气	草绿	氯	白	白
氦气	棕	氦	白	—
氖气	褐红	氖	白	—
丁烯	红	丁烯	黄	黑
氧化亚氮	灰	氧化亚氮	黑	—
环丙烷	橙黄	环丙烷	黑	—
乙烯	紫	乙烯	红	—
乙炔	白	乙炔	红	—
氟氯烷	铅白	氟氯烷	黑	—
其他可燃气	红	（气体名称）	白	—
其他非可燃气	黑	（气体名称）	黄	—

① 压缩气体钢瓶有明显的外部标志，内容气体与外部标志一致。

② 搬运及存放压缩气体钢瓶时，一定要将钢瓶上的安全帽旋紧。

③ 搬运气瓶时，要用特殊的担架或小车，不得将手扶在气门上，以防气门被打开。气瓶直立放置时要用铁链等进行固定。

④ 开启压缩气体钢瓶的气门开关及减压阀时，旋开速度不能太快，应逐渐打开，以免气体过急流出，发生危险。

⑤ 瓶内气体不得用尽，剩余残压一般不应小于数百千帕，否则将导致空气或其他气体进入钢瓶，再次充气时将影响气体的纯度，甚至发生危险。

1.1.5　化学实验废液（物）的安全处理

由于化学实验室的实验项目繁多，所使用的试剂与反应后的废物也大不相同，一些毒害物质不能随手倒入槽中。例如，氰化物的废液，若倒入强酸性介质中将立即产生剧毒的HCN，故此，一般将含有氰化物的废液倒入碱性亚铁盐溶液中，使其转化为亚铁氰化物盐类，再作废液集中处理。又如重铬酸钾标准溶液是常用的标准溶液之一，用剩的重铬酸钾溶液应将基转化为三价铬再作废液处理，绝不允许未经允许就倒入下水道。国家标准GB 8978—88《污水综合排放标准》。对第一类污染物（指能在环境或动物体内蓄积，对人体产生长远影响的污染物）允许排放的浓度做了严格的规定，如表1.4所示。

表 1.4　第一类污染物的最高允许排放浓度

污染物	最高允许排放浓度/(mg/L)	污染物	最高允许排放浓度/(mg/L)
总汞	0.05(烧碱行业采用 0.005)	总砷	0.5
烷基汞	不得检出	总铅	1.0
总镉	0.1	总镍	1.0
总铬	1.5	苯并[a]芘	0.00003
六价铬	0.5		

(1) 含汞废液的处理　将废液调至 pH 8～10，加入过量的硫化钠，使其生成硫化汞沉淀，再加入共沉淀剂硫酸亚铁，生成的硫化铁吸附溶液中悬浮的硫化汞微粒而生成共沉淀。弃去清液，残渣用焙烧法回收汞，或再制成汞盐。

(2) 含砷废液的处理　加入氧化钙，调节 pH 值为 8 生成砷酸钙和亚砷酸钙沉淀。或调节 pH 值为 10 以上，加入硫化钠与砷反应，生成难溶低毒的硫化物沉淀。

(3) 含铅、镉废液　用消石灰将 pH 值调节为 8～10，使 Pb^{2+}、Cd^{2+} 生成 $Pb(OH)_2$ 和 $Cd(OH)_2$ 沉淀，加入硫化亚铁作为共沉淀剂，使之沉淀。

(4) 含氰废液　用氢氧化钠调节 pH 值为 10 以上，加入过量的高锰酸钾（3%）溶液，若 CN^- 含量高，可加入过量的次氯酸钙和氢氧化钠溶液。

(5) 含氟废液　加入石灰生成氟化钙沉淀。

(6) 含 Cr^{6+} 废液的处理　我国环境保护有关法律规定 Cr^{6+} 最高允许排放浓度 0.5 mg/L，而有些国家往往限制到 0.05mg/L。Cr^{6+} 的处理方法，一般常用化学还原法，还原剂可用二氧化硫、硫酸亚铁、亚硫酸氢钠等。如：

$$2SO_2 + 2H_2O + O_2 =\!=\!= 2H_2SO_4$$

$$3SO_2 + Na_2Cr_2O_7 + H_2SO_4 =\!=\!= Cr_2(SO_4)_3 + Na_2SO_4 + H_2O$$

铬酸盐被还原后，应使用石灰或氢氧化钠将铬酸盐转化成氢氧化铬从水中沉淀下来再另作处理。

$$Cr_2(SO_4)_3 + 3Ca(OH)_2 =\!=\!= 2Cr(OH)_3 \downarrow + 3 CaSO_4$$

1.2　分析实验室用水规格

我国已建立了实验室用水规格的国家标准（GB 6682—92），该标准规定了实验室用水的技术指标、制备方法及检验方法。实验室用水的规格及主要指标见表 1.5。

表 1.5　实验室用水的规格及主要指标

指标名称	一级	二级	三级
pH 范围(298K)	—	—	5.0～7.5
电导率(298K)/(mS/m)	0.01	0.10	0.50
吸光度(254nm,1cm 光程)	0.001	0.01	—
二氧化硅含量/(mg/L)	0.1	0.02	—

实验室常用的蒸馏水、去离子水和电导水，它们在 298K 时的电导率与三级水的指标相近。

纯水的制备如下所述。

(1) 蒸馏水　将自来水在蒸馏装置中加热汽化，再将蒸汽冷却，即得到蒸馏水。此法能除去水中的非挥发性杂质，比较纯净，但不能完全除去水中溶解的气体杂质。此外，一般蒸馏装置所用材料是不锈钢、纯铝或玻璃，所以可能会带入金属离子。

(2) 去离子水　指将自来水依次通过阳离子树脂交换柱、阴离子树脂交换柱及两者混合交换柱后所得水。离子树脂交换柱除去离子的效果好，故称去离子水，其纯度比蒸馏水高。但不能除去非离子型杂质，常含有微量的有机物。

(3) 电导水　在第一套蒸馏器（最好是石英制的，其次是硬质玻璃）中装入蒸馏水，加入少量高锰酸钾固体，经蒸馏除去水中的有机物，得重蒸馏水。再将重蒸馏水注入第二套蒸馏器中（最好也是石英制的），加入少许硫酸钡和硫酸氢钾固体，进行蒸馏。弃去馏头、馏后各 10mL，收取中间馏分。电导水应收集保存在带有碱石灰吸收管的硬质玻璃瓶内，时间不能太长，一般在 2 周以内。

(4) 三级水　采用蒸馏或离子交换来制备。

(5) 二级水　将三级水再次蒸馏后制得，可含有微量的无机、有机或胶态杂质。

(6) 一级水　将二级水经过一步处理后制得。如将二级水用石英蒸馏器再次蒸馏，基本上不含有溶解或胶态离子杂质及有机物。

由表 1.5 可知纯水质量的主要指标是电导率，因此，可选用适于测定高纯水的电导率仪（最小量程为 $0.02\mu S/cm$）来测定。

1.3　常用试剂的规格、使用和保存

分析化学实验中所用试剂的质量，直接影响分析结果的准确性，因此应根据所做实验的具体情况，如分析方法的灵敏度与选择性，分析对象的含量及对分析结果准确度的要求等，合理选择相应级别的试剂，既能保证实验正常进行的同时，又可避免不必要的浪费。另外试剂应合理保存、避免污染和变质。

1.3.1　化学试剂的分类

化学试剂产品已有数千种，而且随着科学技术和生产的发展，新的试剂种类还将不断产生，现在还没有统一的分类标准，本书只简要地介绍标准试剂、一般试剂、高纯试剂和专用试剂。

(1) 标准试剂　标准试剂是用于衡量其他（欲测）物质化学量的标准物质，习惯上称为基准试剂，其特点是主体含量高、使用可靠。我国规定滴定分析第一基准和滴定分析工作基准的主体含量分别为 $100\%\pm0.02\%$ 和 $100\%\pm0.05\%$。主要国产标准试剂的种类及用途见表 1.6。

(2) 一般试剂　一般试剂是实验室最普遍使用的试剂，其规格是以其中所含杂质的多少来划分，包括通用的一、二、三、四级试剂和生化试剂等。一般试剂的分级、标志、标签颜色和主要用途列于表 1.7。

表 1.6　主要国产标准试剂的种类与用途

类　　　别	主　要　用　途
滴定分析第一基准试剂	工作基准试剂的定值
滴定分析工作基准试剂	滴定分析标准溶液的定值
滴定分析标准溶液	滴定分析法测定物质的含量
杂质分析标准溶液	仪器及化学分析中作为微量杂质分析的标准
一级 pH 基准试剂	pH 基准试剂的定值和高精密度 pH 计的校准
pH 基准试剂	pH 计的校准（定位）
热值分析试剂	热值分析的标定
气相色谱分析标准试剂	气相色谱法进行定性和定量分析的标准
临床分析标准溶液	临床化验
农药分析标准溶液	农药分析
有机元素分析标准试剂	有机元素分析

注：不同国家生产的试剂，其分类可能不同，在使用时要特别注意。

表 1.7　一般化学试剂的规格及选用

级　　别	中文名称	英文符号	适用范围	标签颜色
一级	优级纯（保证试剂）	G. R.	精密分析实验	绿色
二级	分析纯（分析试剂）	A. R.	一般分析实验	红色
三级	化学纯	C. P.	一般化学试验	蓝色
四级	实验试剂	L. R.	一般化学实验辅助试剂	棕色或其他颜色
生化试剂	生化试剂（生物染色剂）	B. R.	生物化学及医用化学实验	咖啡色或玫瑰色

(3) 高纯试剂　高纯试剂最大的特点是其杂质含量比优级或基准试剂都低，用于微量或痕量分析中试样的分解和试液的制备，可最大限度地减少空白值带来的干扰，提高测定结果的可靠性。同时，高纯试剂的技术指标中，其主体成分与优级或基准试剂相当，但标明杂质含量的项目则多 1～2 倍。

(4) 专用试剂　专用试剂顾名思义是指专门用途的试剂。例如在色谱分析法中用的色谱纯试剂、色谱分析专用载体、填料、固定液和薄层分析试剂，光学分析法中使用的光谱纯试剂和其他分析法中的专用试剂。专用试剂除了符合高纯试剂的要求外，更重要的是在特定的用途中其干扰的杂质成分不产生明显干扰的限度之下。专用试剂的品种繁多，可根据实际工作要求选用。

1.3.2　使用试剂注意事项

① 打开瓶盖（塞）取出试剂后，应立即将瓶盖（塞）盖好，以免试剂吸潮、沾污和变质。瓶盖（塞）不许随意放置，以免被其他物质沾污，影响原瓶试剂的质量。

② 应直接从原试剂瓶取用，多取的试剂不允许倒回原试剂瓶。

③ 固体试剂应用洁净干燥的小勺取用。取用强碱性试剂后的小勺应立即洗净，以免腐蚀。

④ 用吸管取用液态试剂时，绝不可用同一吸管同时吸取两种试剂。

⑤ 盛装试剂的瓶上，应贴有标明试剂名称、规格及出厂日期的标签，没有标签或标签字迹难以辨认的试剂，在未确定其成分前，不能随便使用。

1.3.3　试剂的保存

试剂放置不当可能引起质量和组分的变化，因此，正确保存试剂非常重要。一般化学试剂应保存在通风良好、干净的房子里，避免水分、灰尘及其他物质的沾污，并根据试剂的性质采取相应的保存方法和措施。

① 容易腐蚀玻璃而影响纯度的试剂，应保存在塑料或涂有石蜡的玻璃瓶中。如氢氟酸、氟化物（氟化钠、氟化钾、氟化铵）、苛性碱（氢氧化钾、氢氧化钠）等。

② 见光易分解、遇空气易被氧化和易挥发的试剂应保存在棕色瓶里，放置在冷暗处。如过氧化氢（双氧水）、硝酸银、焦性没食子酸、高锰酸钾、草酸、铋酸钠等属见光易分解的物质；氯化亚锡、硫酸亚铁、亚硫酸钠等属易被空气逐渐氧化的物质；溴、氨水及大多有机溶剂属易挥发的物质。

③ 吸水性强的试剂应严格密封保存。如无水碳酸钠、氢氧化钠、过氧化物等。

④ 易相互作用、易燃、易爆炸的试剂，应分开贮存在阴凉通风的地方。如酸与氨水、氧化剂与还原剂易相互作用的物质；有机溶剂属易燃试剂；氯酸、过氧化氢、硝基化合物属易爆炸试剂等。

⑤ 剧毒试剂应专门保管、严格取用手续，以免发生中毒事故。如氰化物（氰化钾、氰化钠）、氢氟酸、氯化汞、三氧化二砷（砒霜）等属剧毒试剂。

1.4　溶液的浓度及其配制

1.4.1　常用的溶液浓度表示方法

溶液是由两种或多种组分所组成的均匀体系。所有溶液都是由溶质和溶剂组成的，溶剂是一种介质，在其中均匀地分布着溶质的分子或离子。溶剂和溶质的量十分准确的溶液叫标准溶液，而把溶质在溶液中所占的比例称作溶液的浓度。根据用途的不同，溶液浓度有多种表示方法如体积摩尔浓度、质量摩尔浓度、质量百分比浓度、质量百分浓度、体积百分浓度、滴定度等。

比例浓度：液体试剂互相混合或液体试剂用溶剂稀释时常用体积比（$V_1 + V_2$）来表示，前面的数字代表出厂商品浓试剂的体积数（V_1），后面的数字代表溶剂（水）的体积数（V_2）。例如，H_2SO_4（$1+4$）即表示此种硫酸水溶液是由 1 体积的浓硫酸（相对密度 1.84）与 4 体积的水混合而成。

体积摩尔浓度：1L 溶液中所含溶质的摩尔数，称作体积摩尔浓度以 M 表示，即 $M=$ 溶质的摩尔数/溶液体积，单位是 mol/L 。

例如，0.1mol/L 的氢氧化钠溶液，NaOH 是溶质，水是溶剂，NaOH 溶于水形成溶液，就是在 1L 溶液中含有 0.1mol 的氢氧化钠。

质量摩尔浓度：1kg 溶剂中所含溶质的物质的量（mol）。以 b_B 表示，即 $b_B=$ 溶质的摩尔数/溶剂的质量单位，是 mol/kg 。用质量摩尔浓度 b_Bg 来表示溶液的组成，优点是其量值不受温度的影响，缺点是使用不方便。

质量百分浓度：100 克溶液中含有溶质的质量（g），如 10% 氢氧化钠溶液，就是 100g 溶液中含 10g 氢氧化钠。如果溶液中含百万分之几（10^{-6}）的溶质，用 ppm 表示，如 $5ppm = 5 \times 10^{-4}\%$，如果溶液中含十亿分之几（$10^{-9}\%$）的溶质，用 ppb 表示，1ppm＝1000ppb。

体积百分浓度：100mL 溶液中所含溶质的体积（mL）数，如 95% 乙醇，就是 100mL 溶液中含有 95mL 乙醇和 5mL 水。如果浓度很稀也可用 ppm 和 ppb 表示。1ppm＝1 mg/mL，1ppb＝1 ng/mL 。

体积比浓度：是指用溶质与溶剂的体积比表示的浓度。如 1：1 盐酸，即表示 1 体积量的盐酸和 1 体积量的水混合的溶液。

滴定度（T）：滴定度是溶液浓度是另一种表示方法。它有两种含义，其一表示每毫升溶液中含溶质的克数或毫克数。如氢氧化钠溶液的滴定度为 $T_{NaOH}=0.0028g/mL=2.8mg/mL$，其二表示每毫升溶液相当于被测物质的克数或毫克数。如卡氏试剂的滴定度 $T=3.5$，表示 1mL 卡氏试剂相当于 3.5g 的水含量，又如用硝酸银测定氯化钠时，表示硝酸银的浓度有两种：$T_{AgNO_3}=1mg/mL$、$T_{NaCl}=1.84mg/mL$，前者表示 1mL 溶液中含硝酸银 1mg，后者表示 1mL 溶液相当于 1.84mg 的氯化钠，用 $T_{NaCl}=1.84$ 表示，这样知道了滴定度乘以滴定中耗去的标准溶液的体积数，即可求出被测组分的含量，计算起来相当方便。

1.4.2　溶液的配制

(1)　一般溶液的配制

① 用固体试剂配制　用台秤称取适量的固体试剂，溶于适量水中，必要时以小火助溶。溶解并冷却后，转移入试剂瓶，稀释至所需体积，摇匀备用。

配制饱和溶液时，所用试剂量应稍多于计算量，加热溶解并冷却，待结晶析出后再使用。

② 用液体试剂配制　用量筒量取适量的液体试剂，缓缓加入适量水中，搅拌，若放热则需冷却至室温。转移至试剂瓶，稀释至所需体积，摇匀备用。

(2)　标准溶液的配制

标准溶液是指具有准确浓度的溶液，在实验中作为分析被测组分的比对标准。配置标准溶液一般有两种方法：直接法和间接法。

① 直接法　用分析天平准确称取一定量的基准物质，溶解后，再定量转移入容量瓶，稀释至标线，摇匀。根据基准试剂的质量和容量瓶的容积，即可计算溶液的准确浓度。

基准物必须具备下列条件：纯度高，其杂质含量一般不超过 0.02%；物质的组成与化学式完全符合（包括结晶水）；在一定条件下，物理和化学性质稳定，不易分解和吸湿、吸收 CO_2。

② 间接法　间接法是先将溶液配制成所需的大致浓度，然后用基准物质或另一种物质的标准溶液来测定其准确浓度。例如：HCl 溶液的浓度可用硼砂作为基准物质来标定，也可以用 NaOH 标准溶液来标定。

用已知准确浓度的标准溶液来标定，方法简单，但精确度不及用基准物质标定。因为在标定标准溶液浓度时，已经存在误差，在进行标定时又引入误差，这些误差的积累传递，对结果的影响较大。因此标定应尽可能采用基准物质。

1.4.3　缓冲溶液的配制

缓冲溶液通常由弱酸与其共轭碱或者弱碱与其共轭酸（亦称缓冲对）的混合溶液组成，亦可为高浓度的强酸或强碱。

缓冲溶液的 pH 值（或 pOH 值）主要取决于弱酸（或碱）的 pK_a（或 pK_b），同时还与缓冲比，即酸（或碱）及其共轭碱（或共轭酸）的浓度比值有关。而其缓冲容量的大小和缓冲对的总浓度及缓冲比有关。总浓度越大，缓冲容量越大。若总浓度一定，共轭酸、碱的缓冲比为 1：1 时，缓冲容量最大。

配制一定 pH 值的缓冲溶液时，应选择合适的缓冲对。一般来说，所选的共轭酸的 pK_a 值应与所需 pH 值相近（通常在 pH+1、pH−1 左右），同时还要考虑到缓冲对的引入是否会对所研究的体系产生不良影响。

1.5　实验数据处理

化学实验中经常需要对实验数据作精确测定，然后进行计算处理，得到分析结果。测定与计算的结果是否可靠，直接影响到结论的正确性。但是，在实验过程中，即使是分析系统非常完善、操作技术非常熟练，也难以得到与真实值完全一致的结果；在同一条件下。用同一方法对同一实验进行多次测定，也不会得到完全相同的结果。这就是说，实验过程中的误差是客观存在的、不可避免的，其结果必然有不确定性。我们应该根据实际情况，正确测定、记录和处理实验数据，减少误差，使实验结果具有一定的可靠性。为此，了解误差、不确定度及有效数字等概念，学习用科学的方法归纳和分析实验数据，进行列表、作图或拟合处理，是十分必要的。

1.5.1　误差

由于实际条件的限制，实验测得的结果只能是一个真值的近似值。

(1) 真值　真值是一个变量本身所具有的真实值，它是一个理想的概念，一般是无法得到的。所以在计算误差时，一般用约定真值或相对真值来代替。

(2) 标准值　由特定机关或组织以一定的精密度决定并保证的标准物质物理性能或组成的数值。

(3) 平均值　指算术平均值，即多次测定值的总和除以测定次数所得的商。在不存在系统误差的前提下，一组测量数据的算术平均值为其真值的最佳估计值。实际测定中，往往以可靠的方法进行多次平行实验后取其平均值来对真值加以表达。

(4) 中位值　中位值是指将一系列测定数据按大小顺序排列时处于中间位置的数值。若测定的次数是偶数，则取正中两个值的平均值。有时，为了避免测定数据中异常值对结果的影响，可采用中位数代替平均值来报告测定结果。

1.5.2　系统误差与随机误差

测定结果与真值之间的差值就是通常所称的误差。由各种原因造成的误差，按照性质可分为系统误差、随机误差两大类。

系统误差：系统误差的特点是测量结果向一个方向偏离，其数值按一定规律变化，具有重复性、单向性。我们应根据具体的实验条件，系统误差的特点，找出产生系统误差的主要原因，采取适当措施降低它的影响。

系统误差的来源有以下几方面。

(1) 仪器误差　这是由于仪器本身的缺陷或没有按规定条件使用仪器而造成的。如仪器的零点不准，仪器未调整好，外界环境（光线、温度、湿度、电磁场等）对测量仪器的影响等所产生的误差。

(2) 理论误差（方法误差）　这是由于测量所依据的理论公式本身的近似性，或实验条件不能达到理论公式所规定的要求，或者是实验方法本身不完善所带来的误差。例如热学实验中没有考虑散热所导致的热量损失，伏安法测电阻时没有考虑电表内阻对实验结果的影响等。

(3) 个人误差　这是由于观测者个人感官和运动器官的反应或习惯不同而产生的误差，

它因人而异，并与观测者当时的精神状态有关。

随机误差：随机误差（又称偶然误差）是指测量结果与同一待测量的大量重复测量的平均结果之差。其产生因素十分复杂，如电磁场的微变，零件的摩擦、间隙，热起伏，空气扰动，气压及湿度的变化，测量人员的感觉器官的生理变化等以及它们的综合影响都可以成为产生随机误差的因素。它的特点：大小和方向都不固定，也无法测量或校正。随机误差的性质是：随着测定次数的增加，正负误差可以相互抵偿，误差的平均值将逐渐趋向于零。只要测试系统的灵敏度足够高，在相同的测量条件下，对同一量值进行多次等精度测量时，仍会有各种偶然的、无法预测的不确定因素干扰而产生测量误差，其绝对值和符号均不可预知。虽然单次测量的随机误差没有规律，但多次测量的总体却服从统计规律，通过对测量数据的统计处理，能在理论上估计起对测量结果的影响。随机误差不能用修正或采取某种技术措施的办法来消除。

1.5.3　准确度和精确度

（1）准确度　准确度是指测量值与真实值之间的符合程度。准确度的高低常以误差的大小来衡量。即误差（error）越小，准确度越高；误差越大，准确度越低。

绝对误差 $\qquad\qquad\qquad\qquad (E)=x-x_T \qquad\qquad\qquad\qquad (1.1)$

相对误差 $\qquad\qquad\qquad\qquad (E_r)=\dfrac{E}{x_T}\times100\% \qquad\qquad\qquad (1.2)$

如分析天平称量两物体的质量分别为 2.1750g 和 0.2175g，假设两物体的真实值各为 2.1751g 和 0.2176g，则两者的绝对误差分别为：

$$E_1=2.1750-2.1751=-0.0001(g)$$
$$E_2=0.2175-0.2176=-0.0001(g)$$

虽然绝对误差均为 0.0001，但其真值相差 10 倍，显然准确度不同。

两者的相对误差分别为：

$$E_{r_1}=\frac{-0.0001}{2.1751}\times100\%=-0.005\%$$

$$E_{r_2}=\frac{-0.0001}{0.2176}\times100\%=-0.05\%$$

两者相差 10 倍。由此可见：绝对误差相同时，被测定量结果较大的数据相对误差较小，测定结果的准确度较高。

（2）精密度　要确定一个测定值的准确度，先要知道其误差或相对误差。要求出误差必须知道真实值，但是真实值通常是不知道的。在实际工作中人们常用标准方法通过多次重复测定，所求出的算术平均值 $(\overline{x})$ 作为真实值。

精密度是指在相同条件下 n 次重复测定结果彼此相符合的程度。精密度的大小用偏差（deviation）表示，偏差越小说明精密度越高。偏差有绝对偏差和相对偏差：

绝对偏差 $\qquad\qquad\qquad\qquad (d)=x-\overline{x} \qquad\qquad\qquad\qquad (1.3)$

相对偏差 $\qquad\qquad\qquad\qquad (d_r)=\dfrac{d}{x}\times100\% \qquad\qquad\qquad (1.4)$

从上式可知，绝对偏差是指单项测定与平均值的差值。相对偏差是指绝对偏差在平均值中所占的百分率。由此可知绝对偏差和相对偏差只能用来衡量单次测定结果对平均值的偏离程度。为了更好地说明精密度，在一般分析工作中常用平均偏差 $(\overline{d})$ 表示。

平均偏差
$$(\overline{d}) = \frac{|d_1| + |d_2| + \cdots + |d_n|}{n} = \frac{\sum |d_i|}{n} \tag{1.5}$$

相对平均偏差
$$(\overline{d}_r) = \frac{\overline{d}}{x} \times 100\% \tag{1.6}$$

平均偏差是代表一组测量值中任意数值的偏差。所以平均偏差不计正负。平均偏差小，表明这一组分析结果的精密度好。

在统计方法处理数据时，常用标准偏差 s 来衡量一组测定值的精密度。与平均偏差相似，标准偏差代表一组测定值中任何一个数据的偏差。

标准偏差
$$(s) = \sqrt{\frac{\sum\limits_{i=1}^{n}(x_i - \overline{x})^2}{n-1}} = \sqrt{\frac{\sum\limits_{i=1}^{n}d_i^2}{(n-1)}} \tag{1.7}$$

式中的 $n-1$ 称为自由度，表明 n 次测量中只有 $n-1$ 个独立变化的偏差。这是因为 n 个偏差之和等于零，所以只要知道 $n-1$ 个偏差就可以确定第 n 个偏差了。

利用标准偏差可以很好地反映测量结果的精密度。

在了解了准确度与精密度的定义及确定方法之后，我们应该知道，准确度和精密度是两个不同的概念，但它们之间有一定的关系。应当指出的是，测定的精密度高，测定结果也越接近真实值。但不能绝对认为精密度高，准确度也高，因为系统误差的存在并不影响测定的精密度，相反，如果没有较好的精密度，就很少可能获得较高的准确度。可以说精密度是保证准确度的先决条件。

1.5.4　有效数字的运算法则

为了得到准确的分析结果，不仅要准确地记录和计算。因为分析化学中记录的数据不仅表示了数值的大小，同时也反映了仪器的准确程度。例如，实验时量取一定体积的溶液，记录为 25.00mL 和 25.0mL，虽然数值大小相同，但精确度却相差 10 倍，前者说明用移液管准确移取或滴定管中放出的，而后者是由量筒量取的。用一台秤称得的物质的量为 0.10g，而在分析天平上称得为 0.1000g。因此，应该按照实际的测量精度记录实验数据，并且按照有效数字的运算规则进行测量结果的计算，报出合理的测量结果。

(1) 有效数字　有效数字（significant figure）是指实际能测得的数字。在有效数据中，最后一位是可疑数字或称估读数字。如：21.42mL 表明以 mL 为单位，小数点后一位 4 是准确的，小数点后第二位 2 是估读数字。又例如用分析天平称取试样的质量时应记录为 0.2100g，它表示 0.210 是确定的，最后一位是不确定数，可能有正负一个单位的误差，即其实际质量是 (0.2100±0.0001) g 范围内的某一值。其绝对误差为 ±0.0001，

相对误差为：
$$\frac{\pm 0.0001}{0.2100} \times 100\% = \pm 0.05\%。$$

数据中的"0"是否为有效数字，要看它在数据中的作用，如果作为普通数字使用，它就是有效数字；作为定位作用则不是有效数字。例如滴定管读数 22.00mL，其中的 2 个"0"都是测量数字，为 4 位有效数字。如果改为升为单位，写成 0.02200 L，这时前面的 2 个"0"仅作为定位作用，不是有效数字，而后面的 2 个"0"仍是有效数字，此数仍为 4 位有效数字。数字后的"0"不可随意舍掉，不能随意增减有效数字的位数。例如：0.5180 不能写成 0.518，前者的绝对误差为 ±0.0001，而后者的绝对误差为 ±0.001。分析化学实验中对有效数字的要求。

① 电子天平称重时，取小数点后 4 位。移液管、滴定管读体积时以 mL 为单位，取小数点后 2 位。

② 浓度取 4 位有效数字，分子量取 4 位有效数字。如：$c(HCl)=0.1000mol/L$，$M(HCl)=36.45$，$M(Na_2CO_3)=106.0$

③ 误差和偏差一般取 1 位有效数字，最多取 2 位。如：$\pm0.1\%$，$\pm0.12\%$

④ 对 pH、pM、lgK 等对数值，其小数部分为有效数字，整数部分只起定位作用。如：pH＝4.56 为二位有效数字。

⑤ 与测量无关的纯数如化学计量关系式中的化学计量数、摩尔比、分数、倍数等，可视为无限多位数，不影响其他有效数字的运算。例如 10000、1/2、π 等。

(2) 有效数字的运算规则 对实验数据进行计算时，涉及的各测量值的有效位数可能不同，因此需要按照一定的规则进行运算。运算过程中应按有效数字修约的规则进行修约后再计算结果。对数字的修约规则，依照国家标准采取"四舍六入五留双"办法，即当尾数为 4 时舍弃，尾数为 6 时则进入，尾数为 5 时，若后面的数字为"0"，则按 5 前面为偶数者舍弃、为奇数者进入；若 5 后面的数字是不为"0"则进入。例如，按照这一规则将下列测量值修约为 4 位有效数字，其结果为：

0.52564	0.5256
0.46266	0.4627
20.2350	20.24
150.650	150.6
27.0852	27.09

有效数字的运算规则如下。

① 加减法 在计算的过程中间可多保留 1 位有效数字，以免多次取舍引起较大误差。

几个数据加减运算时，结果所保留的位数，取决于绝对误差最大的数，（即小数点后位数最少者）。应"先取齐后加减"。

例如，$0.1325+5.103+60.08+139.8 \longrightarrow 0.1+5.1+60.1+139.8=205.1$

② 乘除法 在乘除法运算中，结果所保留的位数取决于相对误差最大的数（即有效数字位数最少者）。应"先乘除，后取舍"。

例如，$0.1325\times28.6\times0.15 \longrightarrow 0.13\times29\times0.15=0.57$

在运算过程中，有效数字的位数可暂时多保留 1 位，得到最后的结果时，再根据"四舍六入五成双"的规则弃去多余的数字。若某数字的首位数字等于大于 8 时，其有效数字位数可多算 1 位。如 8.58 可看作 4 位有效数字。

1.5.5 有限实验数据的统计处理

(1) 平均值的置信度和置信区间 在实际工作中，通常总是把测定数据的平均值作为分析结果报出，但测得的少量数据得到的平均值总是带有一定的不确定性，它不能明确地说明测定的可靠性。在准确度要求较高的分析工作中，作分析报告时，应同时指出结果真实值所在的范围，这一范围就称为置信区间（confidence interval）；以及真实值落在这一范围的概率，称为置信区度或置信水准（confidence level），用符号 P 表示。

对于有限次数的测定，真实值 μ 与平均值 $\bar{x}$ 之间有如下关系：

$$\mu=\bar{x}\pm\frac{ts}{n} \tag{1.8}$$

式中，s 为标准偏差；n 为测定次数；t 为选定的某一置信度下的概率系数，可根据测定次数从表 1.8 中查得。

式(1.8) 表示在一定置信度下，以测定结果的平均值 $\overline{x}$ 为中心，包括总体平均值 μ 的范围，该范围称为平均值的置信区间。

表 1.8　不同测定次数及不同置信度下的 t 值

测定次数 n	置信度				
	50%	90%	95%	99%	99.5%
2	1.000	6.314	12.706	63.657	127.32
3	0.816	2.920	4.303	9.925	14.089
4	0.765	2.353	3.182	5.841	7.453
5	0.741	2.132	2.776	4.604	5.598
6	0.727	2.015	2.571	4.032	4.773
7	0.718	1.943	2.447	3.707	4.317
8	0.711	1.895	2.365	3.500	4.029
9	0.706	1.860	2.306	3.355	3.832
10	0.703	1.833	2.262	3.250	3.690
11	0.700	1.812	2.228	3.169	3.581
21	0.687	1.725	2.086	2.845	3.153
∞	0.674	1.645	1.960	2.576	2.807

平均值的置信区间的大小取决于测定的精密度（S）、测定次数（n）和置信水平（t）。

① 测定结果所包含的最大偶然误差为 $\pm\dfrac{ts}{\sqrt{n}}$

② 选择的置信度越高，置信区间越宽。

③ 测定次数越多，t 值越小。置信区间越窄，$\overline{x}$ 与 μ 越接近。

例　分析某合金中铜的含量，结果的平均值 $\overline{x}=35.21\%$，$s=0.06\%$。计算：

(1) 若测定次数 $n=4$，置信度分别为 95% 和 99% 时，平均值的置信区间；

(2) 若测定次数 $n=6$，置信度为 95% 时，平均值的置信区间。

(1) $n=4$ 时，置信度为 95% 时，$t_{95\%}=3.18$

$$\mu=\overline{x}\pm\frac{ts}{\sqrt{n}}=(35.21\pm\frac{3.18\times0.06}{\sqrt{4}})\%=(35.21\pm0.10)\%$$

置信度为 99% 时，$t_{99\%}=5.84$

$$\mu=\overline{x}\pm\frac{ts}{\sqrt{n}}=(35.21\pm\frac{5.84\times0.06}{\sqrt{4}})\%=(35.21\pm0.18)\%$$

(2) $n=6$ 时，置信度为 95% 时，$t_{95\%}=2.57$

$$\mu=\overline{x}\pm\frac{ts}{\sqrt{n}}=(35.21\pm\frac{2.57\times0.06}{\sqrt{6}})\%=(35.21\pm0.06)\%$$

由上面的计算可知，在相同测定次数下，随着置信度由 95% 提高到 99%，平均值的置信区间将从(35.21%±0.10%)扩大到(35.21%±0.18%)；另外，在一定置信度下，增加平行测定次数可使置信区间缩小，说明测量的平均值越接近总体平均值。

从 t 值表中还可以看出，当测定次数 n 增大时，t 值减小；当测定次数为 20 次以上到测定次数为∞时，t 值相近，这表明当 $n>20$ 时，再增加测定次数对提高测定结果的准确度已经没有什么意义。因此只有在一定的测定次数范围内，分析数据的可靠性才随平行测定次数的增多而增加。

(2) 可疑数据的取舍——Q 检验　在进行一系列平行测定时，往往会出现偏差较大的值，称为离群值（divergent value）。异常值的引入会影响测定结果的平均值。因此在计算前应进行异常值的合理取舍。如异常值是由明显过失引起的，则应舍弃。如不是由明显过失引起的，则不能随便取舍，而必须用统计方法来判断是否要取舍。取舍的方法很多，常用的有四倍法、格鲁布斯法和 Q 检验法等，其中 Q 检验法比较严格而且又比较方便，故在此只介绍 Q 检验法。

在一定置信度下，Q 检验法可按下列步骤，判断可疑数据是否应舍去。

① 先将数据从小到大排列为：　　　　$x_1，x_2，\cdots，x_{n-1}，x_n$

② 计算出统计量 Q：

$$Q=\frac{|可疑值-临近值|}{最大值-最小值} \qquad (1.9)$$

也就是说，若 x_1 为可疑值，则统计量 Q 为：

$$Q=\frac{x_2-x_1}{x_n-x_1} \qquad (1.10)$$

③ 若 x_n 为可疑值，则统计量 Q 为：

$$Q=\frac{x_n-x_{n-1}}{x_n-x_1} \qquad (1.11)$$

式中分子为可疑值与相邻值的差值，分母为整组数据的最大值与最小值的差值，也称为极值。Q 越大，说明或离群越远，Q 大至一定值时就应舍去。

根据测定次数和要求的置信度由表 1.9 查得 Q（表值）

④ 将 Q 与 Q（表值）进行比较，判断可疑数据的取舍。若 Q 大于 Q（表值），则可疑值应该舍去，否则应该保留。

表 1.9　不同置信度下舍去可疑数据的 Q 值

置信度	测定次数							
	3	4	5	6	7	8	9	10
90%	0.94	0.76	0.64	0.56	0.51	0.47	0.44	0.41
95%	0.98	0.85	0.73	0.64	0.59	0.54	0.51	0.48
99%	0.99	0.93	0.82	0.74	0.68	0.63	0.60	0.57

1.5.6　实验数据的处理

(1) 化学实验数据的表示方法　主要有列表法、图解法和数学方程式表示法（本书略）。

① 列表法　列表法用表格的形式表达实验结果。具体做法是：将已知数据、直接测量数据及通过公式计算得出的（间接测量）数据，按主变量 x 与应变量 y 的关系，一个一个地对应列入表中。这种表达方法的优点是：数据一目了然，从表格上可以清楚而迅速地看出二者间的关系，便于阅读、理解和查询；数据集中，便于对不同条件下的实验数据进行比较与校核。一张完整的表格应包含表的序号、名称、项目、说明及数据来源五项内容。因此，做表格时要注意以下几点。

a. 表格的设计　表格的形式要规范，排列要科学，重点要突出。每一表格均应有一个完全又简明的名称。一般将每个表格分成若干行和若干列，每一变量应占表格中一行或一列。

　　b. 表格中的单位与符号　在表格中，每一行的第一列（或每一列的第一行）是变量的名称及量纲。使用的物理量单位和符号要标准化、通用化。

　　c. 表格中的数据处理　同一项目（每一行或列）所记的数据，应注意其有效数字的位数尽量一致，并将小数点对齐，以便查对数据。如果用指数来表示数据中小数点的位置，为简便起见，可将指数放在行名旁，但此时指数上的正负号应改变符号。例如，氯化银的溶度积常数是 1.77×10^{-10}，该行名可写成：$\alpha \times 10^{10}$。

　　此外，表格中不应留有空格，失误或漏做的内容要以"/"记号画去。

　　② 图解法　在直角坐标系或其他坐标系中，用曲线图描述所研究变量的关系，使实验测定的各数据间的关系更为直观，并可由曲线图求得变量的中间值，确定经验方程中的常数等。

　　a. 表示变量间的定量关系：以自变量为横坐标，因变量为纵坐标，所绘得的曲线表示出了二变量间的定量关系。在曲线所示范围内，对应于任意自变量的因变量数值均可方便地读出。

　　b. 求外推值：对于一些不能或不易直接测定的数据，在适当的条件下，可用作图外推的方法求得。所谓外推法，就是将测量数据间的函数关系外推至测量范围以外，以求得测量范围以外的函数值。但必须指出，只是在有充分理由确信外推结果可靠时，外推法才有实际价值。外推值与已有的正确经验不能相抵触。另外，被测变量间的函数关系应呈线性或可认为是线性关系，而且外推所至的区间距离测量区间不能太远。

　　c. 求直线的斜率和截距：对于函数式 $y = ax + b$，对 x 作图是一条直线，式中 a 是直线的斜率，b 是截距。如果二变量间的关系符合此式，便可用作图法求得 a 和 b。对于不符合线性关系的测量数据，只要经变换后所获新的变量函数符合线性关系，亦可用作图法求解。如反应速率常数 k 和活化能 E_a 的关系为一指数函数关系：$k = Ae^{-E_a/RT}$，若将等号两边取对数，则可使其线性化，以 $\lg k$ 对 $1/T$ 作图，由直线的斜率可求出活化能 E_a。

　　(2) 作图技术的简单介绍

　　① 一般以自变量做横轴，应变量做纵轴。

　　② 坐标轴比例的选择原则为：a. 从图上读出的各种量的精确度和测量所得结果的精确度要一致，即坐标轴的最小分度与仪器的最小分度一致，要能反映全部有效数字；b. 方便易读。例如用一大格表示 1、2、5 这样的数量比较好读，而表示 3、7 等则不易读取。

　　③ 要充分利用图纸，可以根据作图的需要来确定原点，不必把所有的图的坐标原点均作为 0。

　　④ 把测量得到的数据画到图上，就是代表点，这些点要能反映正确的数值。若在同一图纸上画几条直（曲）线时，则每条线的代表点需要用不同的符号表示。

　　⑤ 在图纸上画好对应于测量数据的代表点后，根据代表点的分布情况，作出直线或曲线。这些直线或曲线描述了代表点的变化情况，不必要求它们通过全部代表点，而是能够使各代表点均匀地分布在线的两边邻近处，即使所有代表点离开曲线距离的平方和为最小，也就是"最小二乘法"原理。作图时尽量选用透明的直尺和曲线板，这有利于看清这些点的分布情况，以使画出的直线更为合理。

　　⑥ 在所作的图上，应写明图的名称及测量条件、日期，标明坐标轴代表的量的名称、单位和数值的大小。

1.6 实验数据的记录、处理和实验报告

1.6.1 实验数据的记录

要求学生有专门的实验记录本，标上页数，不得撕去任何一页，绝不允许将实验数据记在单页纸上，或记录在一张小纸上，或随意记在任何地方。

记录实验中测量数据时，应注意其有效数字位数与相应仪器分度值相匹配。如用分析天平称重时，要求记录至 0.0001g；滴定管和吸量管的读数，应该记录至 0.01mL；用分光光度计测量溶液的吸光度时，如吸光度在 0.6 以下，应记录至 0.001 的读数，大于 0.6 时，则要求记录至 0.01 读数。

实验记录上的每一个数据都是测量结果，所以在重复测定中，即使数据完全相同，也应记录下来。

1.6.2 分析数据的处理

由于分析实验选择的是系统误差可以忽略的成熟的分析实例，所以往往只需要对 3~4 次平行分析结果的平均偏差进行计算，用于表达结果的误差。对于分析中出现可疑数据，应按 Q 检验判断处理。

1.6.3 实验报告格式

实验完毕后，应用专门的实验报告本，及时认真地写出实验报告，分析化学实验报告要求见附录一。

第2章 分析化学实验基本操作

2.1 常用玻璃器皿的洗涤和干燥

2.1.1 定量分析实验常用器皿介绍

定量分析实验常用器皿的表示方法，一般用途及性能、使用注意事项列于表2.1。

表2.1 分析化学实验常用基本仪器介绍

仪　器	规　格	用途及性能	注意事项
洗瓶	塑料质，以容积（mL）表示	用以盛去离子水	不能加热
烧杯	玻璃质，以容积（mL）表示	用作较大量反应物的反应容器，反应物易混合均匀。也用作配制溶液时的容器	加热时应放在石棉网上
锥形瓶	玻璃质，以容量（mL）表示	反应容器，振荡方便	加热时应放在石棉网上
量筒，量杯	玻璃质。以刻度所能量度的最大容积（mL）表示	用于量度一定体积的液体	不能加热，不能量热液体，不能用作反应器

仪　器	规　格	用途及性能	注意事项
容量瓶	玻璃质,以刻度以下的容积(mL)表示	配制准确浓度的溶液时用	不能加热,不能用毛刷洗刷,瓶的磨口瓶塞配套使用,不能互换
称量瓶	玻璃质。分高型和矮型。规格以外径×瓶高表示	需要准确称取一定量的固体样品时用	不能直接用火加热,盖与瓶盖配套,不能互换
干燥器	玻璃质,分普通干燥器和真空干燥器,规格以上口内径(mm)表示	内放干燥剂,用作样品的干燥和存放	小心盖子滑动而打破,灼烧过的样品应稍冷后才能放入,并在冷却过程中要每隔一段时间开一开盖子
滴瓶	玻璃质,带磨口塞或滴管,有无色和棕色。规格以容量(mL)表示	用于盛放液体药品	不能直接加热,瓶塞不能互换,盛放碱液时要用橡皮塞,防止瓶塞被腐蚀粘牢
表面皿	玻璃质,规格以口径(mm)表示	盖在烧杯上,防止液体进溅或其他用途	不能直接加热
漏斗	玻璃质或搪瓷质。分长颈、短颈。以斗径（mm）表示	用于过滤操作以及倾注液体	不能用火直接加热
抽滤瓶,布氏漏斗	布氏漏斗为瓷质,规格以容量(mL)或斗径表示　吸滤瓶为玻璃质,规格以容量(mL)表示	两者配套,用于无机制备晶体或颗粒沉淀的减压过滤	不能用火直接加热

续表

仪　器	规　格	用途及性能	注意事项
试剂瓶	玻璃质,带磨口塞或滴管,有无色和棕色。规格以容量(mL)表示	试剂(细口)瓶用于盛放液体药品	不能直接加热,瓶塞不能互换,盛放碱液时要用橡皮塞,防止瓶塞被腐蚀粘牢
分液漏斗	玻璃质,规格以容量(mL)和形状(球形、梨形、筒形、锥形)表示	用于互不相容的液-液分离。也可用于少量气体发生器装置中加液	不能用火直接加热,玻璃活塞、磨口漏斗塞子与漏斗配套使用不能互换
坩埚	坩埚有瓷、石英、铁、镍、铂及玛瑙等材质。规格以容量(mL)表示	坩埚灼烧固体用,随固体性质之不同而选用	坩埚可直接灼烧至高温
坩埚钳	坩埚钳金属(铁、铜)制品,有长短不一的各种规格,习惯上以长度(寸、cm)表示	坩埚钳夹持坩埚加热,或往热源(煤气灯、电炉、马弗炉)中取、放坩埚	坩埚钳使用前钳尖,应预热,用后钳尖应向上放在桌面或石棉网上
碱式滴定管、酸式滴定管	玻璃质,规格以容量(mL)表示	碱式(酸式)滴定管用于盛碱液(酸液),准确移取一定体积的溶液,将溶液滴入被测溶液	碱式滴定管使用前检查橡胶是否老化,是否漏液;酸式滴定管使用前检测旋塞是否灵活,是否漏液
研钵	用瓷、玻璃、玛瑙或金属制成,规格以口径(mm)表示	用于研磨固体物质以及固体物质的混合。按固体物质的性质和硬度选用	不能用或直接加热研磨时,不能舂碎,只能碾压,不能研磨易爆物质

续表

仪　器	规　格	用途及性能	注意事项
移液管、吸量管	玻璃质 移液管为单刻度，吸量管有分刻度 规格以刻度最大标度（mL）表示	用于量度一定体积的液体	不能加热。不能量热的液体，不能用作反应容器
毛刷	以用途和大小表示	洗刷玻璃仪器	毛刷大小选择要合适，小心刷子顶端的铁丝撞破玻璃器皿

2.1.2　容器的洗涤

化学实验中经常使用玻璃仪器和瓷器，常常由于污物和杂质的存在，而得不出正确的结果，因此必须注意仪器的清洁。玻璃仪器的洗涤方法很多，应根据实验的要求，污物的性质、沾污程度来选用，常用的洗涤方法如下。

（1）刷洗　用水和毛刷刷洗，除去玻璃仪器和瓷器上的尘土、其他不溶性杂质和可溶性杂质。

（2）用去污粉、肥皂或合成洗涤剂（洗衣粉）洗　仪器上的油污和有机物质时，用去污粉、肥皂或合成洗涤剂（洗衣粉）刷洗，若油污和有机物仍洗不干净，可用热的碱液洗。

（3）用铬酸洗液（简称洗液）洗　在进行精确的定量实验时，对仪器的洁净程度要求高，所用仪器形状特殊，这时用洗液洗。洗液具有强酸性、强氧化性，能把仪器洗干净，但对衣服、皮肤、桌面、橡皮等的腐蚀性也很强，使用时要特别小心。由于 $Cr(VI)$ 有毒，故洗液尽量少用，一般用于容量瓶、吸管、滴定管、比色管、称量瓶的洗涤。

洗液使用时应注意：①被洗涤器皿不宜有水，以免洗液被冲稀而失效；②洗液可以反复使用，用后即倒回原瓶内；③当洗液的颜色由原来的深棕色变为绿色，即重铬酸钾被还原为硫酸铬时，洗液即失效而不能使用；④洗液瓶的瓶塞要塞紧，以防洗液吸水而失效。

（4）用浓盐酸（粗）洗　可以洗去附着在器壁上的氧化剂，如二氧化锰。大多数不溶于水的无机物都可以用它洗去，如灼烧过沉淀物的瓷坩埚，可先用热盐酸（1:1）洗涤，再用洗液洗。

（5）用氢氧化钠-高锰酸钾洗液洗　可以洗去油污和有机物。洗后在器壁上留下的二氧化锰沉淀可再用盐酸洗。

除以上洗涤方法外，还可以根据污物的性质选用适当试剂（表2.2）。如 AgCl 沉淀，可以选用氨水洗涤；硫化物沉淀可选用硝酸加盐酸洗涤。用以上各种方法洗涤后，经用自来水冲洗干净的仪器上往往还留有 Ca^{2+}、Mg^{2+}、Cl^- 等离子。如果实验中不允许这些离子存在，应该再用蒸馏水把它们洗去。使用蒸馏水的目的只是为了洗去附在仪器壁上的自来水，所以应该尽量少用，符合少量（每次用量少）、多次（一般洗3次）的原则。

表 2.2　常用洗涤剂的配制

名称	配制方法	备注
合成洗涤剂	将合成洗涤剂粉用热水搅拌配成浓溶液	一般洗涤
皂角水	将皂角捣碎，用水熬成溶液	一般洗涤
铬酸洗液	取重铬酸钾(L. R.)20g 于 500mL 烧杯中，加水 40mL，加热溶解，冷后，缓慢加入 360mL 浓 H_2SO_4 溶液即可(注意边加边搅拌)，储于磨口细口瓶中	有机物及油污
$KMnO_4$ 碱性洗液	取 $KMnO_4$(L. R.)4g，溶于少量水中，缓慢加入 100mL 10% NaOH 溶液	有机物及油污
碱性乙醇溶液	30%～40%NaOH 乙醇溶液	油污
乙醇-浓硝酸洗液	少量乙醇＋浓硝酸	有机物及油污

2.1.3　容器的干燥

(1) 可以用加热的方法来干燥容器

① 烘干　洗净的一般容器可以放入恒温箱内烘干，放置容器时应注意平放或使容器口朝下。

② 烤干　烧杯或蒸发皿可置于石棉网上用或烤干。

(2) 也可以在不加热的情况下干燥容器

① 晾干　洗涤的容器可倒置于干净的实验柜或容器架上晾干（倒置后不稳定的容器，如量筒，则不宜这样做）。

② 吹干　可以用吹风机将容器吹干。

③ 用有机溶剂干燥　有些有机溶剂可以和水相溶，最常用的是酒精，在容器内加入少量酒精，将容器倾斜转动，器皿上的水即与酒精混合，然后倾出酒精和水。留在容器内的酒精挥发，而使容器干燥。往仪器里吹入空气可以使酒精挥发得更快一些。

带有刻度的量器不能用加热方法进行干燥，加热会影响这些容器的精密度，也可能造成破裂。

2.2　称量的基本操作

2.2.1　托盘天平的使用

托盘天平（台秤）用于粗略的称重，能称准至 0.1g，如图 2.1 所示。托盘天平由托盘、横梁、平衡螺母、刻度尺、指针、刀口、底座、分度标尺、游码、砝码等组成。由支点（轴）在梁的中心支着天平梁而形成两个臂，每个臂上挂着或托着一个盘，其中一个盘（通常为右盘）里放着已知重量的物体（砝码），另一个盘（通常为左盘）里放待称重的物体，

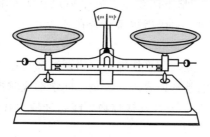

图 2.1　托盘天平示意图

游码则在刻度尺上滑动。固定在梁上的指针在不摆动且指向正中刻度时或左右摆动幅度较小且相等时，砝码重量与游码位置示数之和就指示出待称重物体的质量。

(1) 天平的使用方法

① 要放置在水平的地方。游码要指向红色 0 刻度线。

② 调节平衡螺母（天平两端的螺母）。调节零点直至指针对准中央刻度线。

③ 左托盘放称量物，右托盘放砝码。根据称量物的性状应放在玻璃器皿或洁净的纸上，事先应在同一天平上称得玻璃器皿或纸片的质量，然后称量待称物质。

④ 添加砝码从估计称量物的最大值加起，逐步减小。托盘天平只能称准到 0.1g。加减砝码并移动标尺上的游码，直至指针再次对准中央刻度线。

⑤ 过冷过热的物体不可放在天平上称量。应先在干燥器内放置至室温后再称。

⑥ 物体的质量＝砝码的总质量＋游码在标尺上所对的刻度值。

⑦ 取用砝码必须用镊子，取下的砝码应放在砝码盒中，称量完毕，应把游码移回零点。

⑧ 称量干燥的固体药品时，应在两个托盘上各放一张相同质量的纸，然后把药品放在纸上称量。

⑨ 易潮解的药品，必须放在玻璃器皿上（如小烧杯、表面皿）里称量。

⑩ 砝码若生锈，测量结果偏小；砝码若磨损，测量结果偏大。

(2) 注意事项

① 事先把游码移至 0 刻度线，并调节平衡螺母，使天平左右平衡。

② 右放砝码，左放物体。

③ 砝码不能用手拿，要用镊子夹取，使用时要轻放轻拿。在使用天平时游码也不能用手移动。

④ 过冷过热的物体不可放在天平上称量。应先在干燥器内放置至室温后再称。

⑤ 加砝码应该从大到小，可以节省时间。

⑥ 在称量过程中，不可再碰平衡螺母。

⑦ 若砝码与要称重物体放反了，则所称物体的质量比实际的大。

2.2.2 等臂双盘电光天平

等臂双盘电光天平分为半自动和全自动两种，前者通过转动指数盘完成 10mg 以上、1g 以下的圈码加减，而 1g 及以上的砝码则通过手工加减，称为半机械加码；后者为所有的砝码均通过转动指数盘加减，称为全机械加码。另外，前者与普通托盘一致，左盘放称量物，右盘放砝码；而后者相反，左盘放砝码，右盘放称量物。目前常用的是半自动电光分析天平，其构造如图 2.2 所示。

(1) 电光分析天平的使用方法

① 称量前的检查与准备　拿下防尘罩，叠平后放在天平箱上方。检查天平是否正常，天平是否水平，称盘是否洁净，圈码指数盘是否在"000"位，圈码有无脱位，吊耳有无脱落、移位等。

检查和调整天平的空盘零点。用平衡螺丝（粗调）和投影屏调节杠（细调）调节天平零点，这是分析天平称重练习的基本内容之一。每个同学都应掌握。

② 称量　当要求快速称量，或怀疑被称物可能超过最大载荷时，可用托盘天平（台秤）粗称。一般不提倡粗称。

将待称量物置于天平左盘的中央，关上天平左门。按照"由大到小，中间截取，逐级试

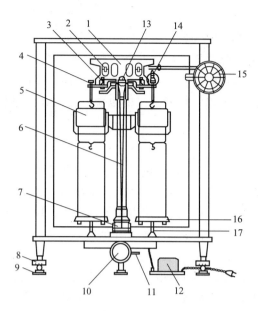

图 2.2　半自动电光分析天平

1—横梁；2—平衡螺丝；3—支柱；4—蹬；5—阻尼器；6—指针；7—投影屏；8—螺旋足；9—垫脚；

10—升降旋钮；11—调屏拉杆；12—变压器；13—刀口；14—圈码；15—圈码指数盘；16—称盘；17—盘托

重"的原则在右盘加减砝码。试重时应半开天平，观察指针偏移方向或标尺投影移动方向，以判断左右两盘的轻重和所加砝码是否合适及如何调整。注意：指针总是偏向质量轻的盘，标尺投影总是向质量重的盘方向移动。先确定克以上砝码（应用镊子取放），关上天平右门。再依次调整百毫克组和十毫克组圈码，每次都从中间量（500mg 和 50mg）开始调节。确定十毫克组圈码后，再完全开启天平，准备读数。

③ 读数　砝码确定后，全开天平旋钮，待标尺停稳后即可读数。称量物的质量等于砝码总量加标尺读数（均以克计）。标尺读数在 9～10mg 时，可再加 10mg 圈码，从屏上读取标尺负值，记录时将此读数从砝码总量中减去。

④ 复原　称量数据记录完毕，即应关闭天平，取出被称量物质，用镊子将砝码放回砝码盒内，圈码指数盘退回到"000"位，关闭两侧门，盖上防尘罩，并在天平使用登记本上登记。

（2）注意事项

① 开、关天平旋钮，放、取被称量物，开、关天平侧门以及加、减砝码等，动作都要轻、缓，切不可用力过猛、过快，以免造成天平部件脱位或损坏。

② 调节零点和读取称量读数时，要留意天平侧门是否已关好；称量读数要立即记录在实验报告本或实验记录本上。调节零点和称量读数后，应随手关好天平。加、减砝码或放、取称量物必须在天平处于关闭状态下进行（单盘天平允许在半开状态下调整砝码）。砝码未调定时不可完全开启天平。

③ 对于热的或冷的称量物应置于干燥器内直至其温度同天平室温度一致后才能进行称量。

④ 天平的前门仅供安装、检修和清洁时使用，通常不要打开。

⑤ 在天平箱内放置变色硅胶作干燥剂，当变色硅胶变红后应及时更换。

⑥ 必须使用指定的天平及天平所附的砝码。如果发现天平不正常，应及时报告指导教师或实验室工作人员，不要自行处理。

⑦ 注意保持天平、天平台、天平室的安全、整洁和干燥。

⑧ 天平箱内不可有任何遗落的药品，如有遗落的药品可用毛刷及时清理干净。

⑨ 用完天平后，罩好天平罩，切断天平的电源。最后在天平使用记录簿上登记，并请指导教师签字。

2.2.3　电子天平的使用

电子天平是最新一代的天平，是根据电磁力平衡原理，直接称量，全量程不需砝码。其构造如图 2.3 所示。在电子天平的称量盘中放上称量物后，在几秒钟内即达到平衡，显示读数，称量速度快，精度高。电子天平的支承点用弹性簧片，取代机械天平的玛瑙刀口，用差动变压器取代升降枢装置，用数字显示代替指针刻度式。因而，电子天平具有使用寿命长、性能稳定、操作简便和灵敏度高的特点。此外，电子天平还具有自动校正、自动去皮、超载指示、故障报警等功能，以及具有质量电信号输出功能，且可与打印机、计算机联用，进一步扩展其功能，如统计称量的最大值、最小值、平均值及标准偏差等。由于电子天平具有机械天平无法比拟的优点，尽管其价格较贵，但其越来越广泛地应用于各个领域，并逐步取代机械天平。

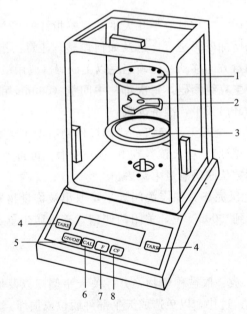

图 2.3　电子天平结构示意

1—秤盘；2—秤盘支架；3—屏蔽环；4—除皮键；5—开/关；6—调校键；7—功能键；8—CF 清除键

(1)　电子天平的使用方法　尽管电子天平种类繁多，但其使用方法大同小异，具体操作可参看各仪器的使用说明书。下面以上海天平仪器厂生产的 FA1604 型电子天平为例，简要介绍电子天平的使用方法。

① 水平调节　观察水平仪，如水平仪水泡偏移，需调整水平调节脚，使水泡位于水平仪中心。

② 预热　接通电源，预热至规定时间后，开启显示器进行操作。

③ 开启显示器　轻按 ON 键，显示器全亮，约 2s 后，显示天平的型号，然后是称量模式 0.0000g。读数时应关上天平门。

④ 天平基本模式的选定　天平通常为"通常情况"模式，并具有断电记忆功能。使用时若改为其他模式，使用后一经按 Off 键，天平即恢复通常情况模式。称量单位的设置等可按说明书进行操作。

⑤ 校准　天平安装后，第一次使用前，应对天平进行校准。因存放时间较长、位置移动、环境变化或未获得精确测量，天平在使用前一般都应进行校准操作。本天平采用外校准（有的电子天平具有内校准功能），由 TARE 键清零及 CAL 键、100g 校准砝码完成。

⑥ 称量　按 TARE 键，显示为零后，置称量物于秤盘上，待数字稳定即显示器左下角的 "0" 标志消失后，即可读出称量物的质量值。

⑦ 去皮称量　按 TARE 键清零，置容器于秤盘上，天平显示容器质量，再按 TARE 键，显示零，即去除皮重。再置称量物于容器中，或将称量物（粉末状物或液体）逐步加入容器中直至达到所需质量，待显示器左下角 "0" 消失，这时显示的是称量物的净质量。将秤盘上的所有物品拿开后，天平显示负值，按 TARE 键，天平显示 0.0000g。若称量过程中秤盘上的总质量超过最大载荷（FA1604 型电子天平为 160g）时，天平仅显示上部线段，此时应立即减小载荷。

⑧ 称量结束后，若较短时间内还使用天平（或其他人还使用天平）一般不用按 Off 键关闭显示器。实验全部结束后，关闭显示器，切断电源，若短时间内（例如 2h 内）还使用天平，可不必切断电源，再用时可省去预热时间。

（2）电子天平维护与保养

① 将天平置于稳定的工作台上避免振动、气流及阳光照射。

② 在使用前调整水平仪气泡至中间位置。

③ 电子天平应按说明书的要求进行预热。

④ 称量易挥发和具有腐蚀性的物品时，要盛放在密闭的容器中，以免腐蚀和损坏电子天平。

⑤ 操作天平不可过载使用以免损坏天平。

⑥ 若长期不用电子天平时应暂时收藏为好。

（3）称量方法

常用的称量方法有直接称量法、固定质量称量法和递减称量法，现分别介绍如下。

① 直接称量法　此法是将称量物直接放在天平盘上直接称量物体的质量。例如，称量小烧杯的质量，容量器皿校正中称量某容量瓶的质量，重量分析实验中称量某坩埚的质量等，都使用这种称量法。

② 固定质量称量法　此法又称增量法，此法用于称量某一固定质量的试剂（如基准物质）或试样。这种称量操作的速度很慢，适于称量不易吸潮、在空气中能稳定存在的粉末状或小颗粒（最小颗粒应小于 0.1mg，以便容易调节其质量）样品。

注意：若不慎加入试剂超过指定质量，应先关闭升降旋钮，然后用牛角匙取出多余试剂。重复上述操作，直至试剂质量符合指定要求为止。严格要求时，取出的多余试剂应弃去，不要放回原试剂瓶中。操作时不能将试剂散落于天平盘等容器以外的地方，称好的试剂必须定量地由表面皿等容器直接转入接收容器，此即所谓"定量转移"。

③ 递减称量法　又称减量法，此法用于称量一定质量范围的样品或试剂。在称量过程

中样品易吸水、易氧化或易与 CO_2 等反应时，可选择此法。由于称取试样的质量是由两次称量之差求得，故也称差减法。

　　称量步骤如下：从干燥器中用纸带（或纸片）夹住称量瓶后取出称量瓶（注意：不要让手指直接触及称瓶和瓶盖），用纸片夹住称量瓶盖柄，打开瓶盖，用牛角匙加入适量试样（一般为称一份试样量的整数倍），盖上瓶盖。称出称量瓶加试样后的准确质量。将称量瓶从天平上取出，在接收容器的上方倾斜瓶身，用称量瓶盖轻敲瓶口上部使试样慢慢落入容器中（图2.4），瓶盖始终不要离开接受器上方。当倾出的试样接近所需量（可从体积上估计或试重得知）时，一边继续用瓶盖轻敲瓶口，一边逐渐将瓶身竖直，使黏附在瓶口上的试样落回称量瓶，然后盖好瓶盖，准确称其质量。两次质量之差，即为试样的质量。按上述方法连续递减，可称量多份试样。有时一次很难得到合乎质量范围要求的试样，可重复上述称量操作 $1 \sim 2$ 次。

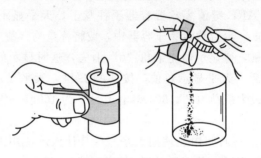

图 2.4　减量法称量

2.3　滴定分析仪器及基本操作

2.3.1　容量瓶

　　容量瓶主要是用来精确地配制一定体积和一定浓度的溶液的量器，如果是用浓溶液（尤其是浓硫酸）配制稀溶液，应先在烧杯中加入少量去离子水，将一定体积的浓溶液沿玻璃棒分数次慢慢地注入水中，每次注入浓溶液后，应搅拌之。如果是用固体溶质配制溶液，应先将固体溶质放入烧杯中用少量去离子水溶解，然后，将杯中的溶液沿玻璃棒小心地注入容量瓶中（图2.5），再从洗瓶中挤出少量水淋洗烧杯及玻璃棒 $2 \sim 3$ 次，并将每次淋洗的水注入容量瓶中。最后，加水到标准线处。但需注意，当液面将接近标准线时，应使用滴管小心地逐滴将水加到标线处（注意：观察时视线、液面与标线均应在同一水平面上）。塞紧瓶塞，将容量瓶倒转数次，此时必须用手指压紧瓶塞，以免脱落（图2.6），并在倒转时加以摇荡，以保证瓶内溶液浓度上下各部分均匀。瓶塞是磨口的，不能张冠李戴，一般可用橡皮圈系在瓶颈上。

2.3.2　滴定管

　　滴定管是滴定操作时准确测量标准溶液体积的一种量器。滴定管的管壁上有刻度线和数值，最小刻度为 0.1mL，"0"刻度在上，自上而下数值由小到大。滴定管分酸式滴定管和碱式滴定管两种。酸式滴定管下端有玻璃旋塞，用以控制溶液的流出。酸式滴定管只能用来盛装酸性溶液或氧化性溶液，不能盛碱性溶液，因碱与玻璃作用会使磨口旋塞粘连而不能转动，碱式滴定管下端连有一段橡皮管，管内有玻璃珠，用以控制液体的流出，橡皮管下端连一尖嘴玻璃管。凡能与橡皮起作用的溶液如高锰酸钾溶液，均不能使用碱滴定管。

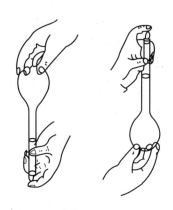

图 2.5　将溶液沿玻璃棒注入容量瓶中　　　　　图 2.6　将容量瓶中溶液摇匀

使用滴定管前先用自来水洗，再用少量蒸馏水淋洗 2～3 次，每次约 5～10mL，洗净后，管的内壁上不应附着有液滴，如果有液滴需用肥皂水或洗液洗涤，再用自来水，蒸馏水洗涤。洗涤后，应检查滴定管是否漏水。对于酸管，先关闭旋塞，装水至"0"线以上，直立约 2min，仔细观察有无水滴滴下，然后将旋塞转 180°，再直立 2min，观察有无水滴滴下。如发现有漏水或酸管旋塞转动不灵活的现象，酸管则需将旋塞拆下重涂凡士林。旋塞涂凡士林的方法是，把滴定管平放在桌面上，取下旋塞，将旋塞和旋塞套用滤纸擦干，用手指沾上少量凡士林，在旋塞孔的两边沿圆周涂上一薄层（凡士林不宜涂得太多），尤其是在孔的两边，以免堵塞小孔（图 2.7）。然后把旋塞插入旋塞套中，向同一方向转动旋塞，直到从外面观察时全部透明为止。如果发现旋转不灵活或出现纹路，表示涂凡士林不够；如果有凡士林从旋塞隙缝溢出或被挤入旋塞孔，表示涂凡士林太多。凡出现上述情况，都必须重新涂凡士林，最后还应检查旋塞是否漏水。

用自来水冲洗以后，再用纯水洗涤 3 次，每次约 10mL。每次加入纯水后，要边转动边将管口倾斜，使水布满全管内壁，然后将酸管竖起，打开旋塞，使水流出一部分以冲洗滴定管的下端，关闭旋塞，将其余的水从管口倒出。最后用操作溶液洗涤 3 次，每次用量约为 10mL，其洗法同纯水荡洗。

当溶液装入滴定管时，出口管还没有充满溶液，此时将酸式滴定管倾斜约 30°，左手迅速打开活塞使溶液冲出，就能充满全部出口管。假如使用碱式滴定管，则把橡皮管向上弯曲，玻璃尖嘴斜向上方，用两指挤压玻璃珠，使溶液从出口管喷出，气泡随之逸出（图 2.8）。

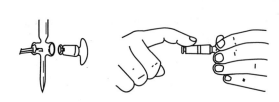

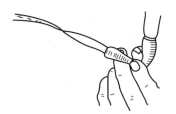

图 2.7　酸式滴定管涂凡士林示意　　　　　图 2.8　碱式滴定管排空示意

常用滴定管的容量为 50mL，每一大格为 1mL，每一小格为 0.1mL，管中液面位置的读数可读到小数后两位，如 34.43mL。读数前，滴定管应保持垂直，读数时，管内壁应无液珠，管出口的尖嘴内应无气泡，尖嘴外应不挂液滴，否则读数不准。读数方法是：取下滴定管用右手大拇指和食指捏住滴定管上部无刻度处，使滴定管保持垂直，并使自己的视线与所读的液面处于同一水平上，偏高偏低都会带来误差[图 2.9(a)]。不同滴定管读数方法略有不同。对无色或浅色溶液，有乳白板蓝线衬背的滴定管读数应以两个弯月面相交部分为准[图 2.9(b)]。一般滴定管应读取弯月面最低点所对应的刻度。对深色溶液，则一律按液面两侧最高点相切处读取。

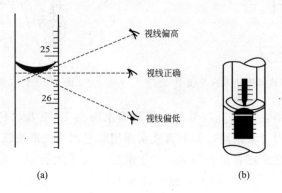

图 2.9　读数示意

滴定开始前，先把悬挂在滴定管尖端的液滴除去，滴定时用左手控制阀门，右手持锥形瓶，并不断摇荡底部，使溶液均匀混合（参见图 2.10）。

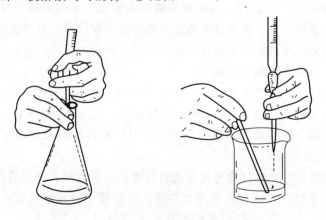

图 2.10　滴定操作示意

将到滴定终点时，滴定速度要慢，最后要一滴一滴地滴入，防止过量，并且要用洗瓶挤少量水淋洗瓶壁，以免有残留的液滴未起反应。为了便于判断终点时指示剂颜色的变化，可把锥形瓶放在白色瓷板或白纸上观察。最后，必须待滴定管内液面完全稳定后，方可读数（在滴定刚完毕时，常有少量沾在滴定管壁上的溶液仍在继续下流）。

2.3.3　移液管和吸量管

使用时，应先将移液管洗净，自然沥干，并用待量取的溶液少许荡洗 3 次。然后以右手拇指及中指捏住管颈标线以上的地方，将移液管插入供试品溶液液面下约 1cm，不应伸入太多，以免管尖外壁粘有溶液过多，也不应伸入太少，以免液面下降后而吸空。这时，左手拿橡皮吸球（一般用 60mL 洗耳球）轻轻将溶液吸上，眼睛注意正在上升的液面位置[图 2.11

(a)]，移液管应随容器内液面下降而下降，当液面上升到刻度标线以上约 1cm 时，迅速用右手食指堵住管口，取出移液管，用滤纸条拭干移液管下端外壁，并使与地面垂直，稍微松开右手食指，使液面缓缓下降，此时视线应平视标线，直到弯月面与标线相切，立即按紧食指，使液体不再流出，并使出口尖端接触容器外壁，以除去尖端外残留溶液。再将移液管移入准备接受溶液的容器中，使其出口尖端接触器壁，使容器微倾斜，而使移液管直立，然后放松右手食指，使溶液自由地顺壁流下，待溶液停止流出后，一般等待 15s 拿出。注意此时移液管尖端仍残留有一滴液体，不可吹出[图 2.11(b)]。

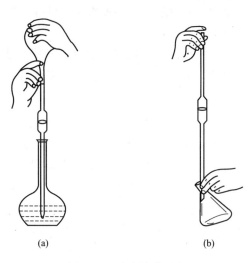

(a)　　　　　　　　(b)

图 2.11　移取溶液示意

　　吸量管一般只用于量取小体积的溶液，其上带有分度，可以用来吸取不同体积的溶液，但用吸量管吸取溶液的准确度不如移液管。上面所指的溶液均以水为溶剂；若为非水溶剂，则体积稍有不同。使用前，吸量管都应该洗净，使整个内壁和下部的外壁不挂水珠，为此，可先用自来水冲洗一次，再用铬酸洗液洗涤。以左手持洗耳球，将食指或拇指放在洗耳球的上方，右手手指拿住吸量管管颈标线以上的地方，将洗耳球紧接在吸量管口上。管尖贴在滤纸上，用洗耳球打气，吹去残留水。然后排除洗耳球中空气，将吸量管插入洗液瓶中，左手拇指或食指慢慢放松，洗液缓缓吸入吸量管约 1/4 处。移去洗耳球，再用右手食指按住管口，把管横过来，左手扶助管的下端，慢慢开启右手食指，一边转动吸量管，一边使管口降低，让洗液布满全管。洗液从上口放回原瓶，然后用自来水充分冲洗，再用洗耳球吸取蒸馏水，将整个内壁洗 3 次，洗涤方法同前。但洗过的水应从下口放出。每次用水量：吸量管全长约 1/5 为度。也可用洗瓶从上口进行吹洗，最后用洗瓶吹洗管的下部外壁。用吸量管吸取溶液时，吸取溶液和调节液面至最上端标线的操作与移液管相同。放溶液时，用食指控制管口，使液面慢慢下降至与所需的刻度相切时按住管口，移去接受器。若吸量管的分度刻到管尖，管上标有"吹"字，并且需要从最上面的标线放至管尖时，则在溶液流到管尖后，立即从管口轻轻吹一下即可。还有一种吸量管，分度刻在离管尖尚差 10～20mm 处。使用这种吸量管时，应注意不要使液面降到刻度以下。在同一实验中应尽可能使用同一根吸量管的同一段，并且尽可能使用上面部分，而不用末端收缩部分。移液管和吸量管的存放：移液管和吸量管用完后应放在移液管架上，如短时间内不再用它吸取同一溶液时，应立即用自来水冲洗，再用蒸馏水清洗，然后放在移液管架上。

2.4 重量分析基本操作

在重量分析中，一般是用适当的方法将被测组分与试样中的其他组分分离，转化为一定的称量形式，然后称量，由此测定物质含量的方法。

根据被测组分与其他组分分离的方法，化学分析中常用沉淀重量法和挥发重量法。前者是将被测物质以微溶化合物的形式沉淀出来，将其转变成一定的称量形式后测定物质含量的方法；后者是利用物质的挥发性，通过加热或其他方法使试样中的待测组分挥发逸出，然后根据试样质量的减少计算待测组分的含量。

重量分析的基本操作包括：样品溶解、沉淀、过滤、洗涤、烘干和灼烧、称量等步骤。任何一个环节都会影响最后的分析结果，故每一步操作都需认真、正确。

2.4.1 滤纸和滤器

滤纸分为定性滤纸和定量滤纸两大类，重量分析中使用的是定量滤纸。定量滤纸经灼烧后，灰分小于 0.0001g 者称"无灰滤纸"，在重量分析中其使用可忽略不计；若灰分质量大于 0.0002g（即分析天平的称量误差），则需从沉淀物中扣除其质量。定量滤纸一般为圆形，按直径大小分为 11cm、9cm、7cm、4cm 等规格；按其孔径大小，分为快速、中速、慢速 3 种。在过滤时，应根据沉淀的性质来选择定量滤纸，滤纸大小的选择应注意沉淀物完全转入滤纸中后，沉淀的高度一般不超过滤纸圆锥高度的 1/3 处。滤纸的型号、性质和适用范围见表 2.3。

表 2.3 国产滤纸的型号、性质和适用范围

项目	分类与标志	型号	灰分/(mg/张)	孔径/μm	过滤物晶形	适应过滤的沉淀	相对应的砂芯玻璃坩埚号
定量	快速黑色或白色纸带	201	<0.10	80～120	胶状沉淀物	$Fe(OH)_3$ $Al(OH)_3$ H_2SiO_3	G-1 G-2 可抽滤稀胶体
	中速蓝色纸带	202	<0.10	30～50	一般结晶形沉淀	SiO_2 $MgNH_4PO_4$ $ZnCO_3$	G-3 可抽滤粗晶形沉淀
	慢速红色或橙色纸带	203	0.10	1～3	较细结晶形沉淀	$BaSO_4$ CaC_2O_4 $PbSO_4$	G-4 G-5 可抽滤细晶形沉淀
定性	快速黑色或白色纸带	101		>80	无机物沉淀的过滤分离及有机物重结晶的过滤		—

滤器通常用玻璃漏斗和微孔玻璃滤器两种。

(1) 玻璃漏斗 玻璃漏斗洗净后，用洁净的手取一张滤纸整齐地对折，使其他缘重合，再对折叠一次（注意第二次对折时不要折死），然后根据选好玻璃漏斗的角度展开滤纸成圆锥体，一边一层，另一边为三层，放入洁净的漏斗中。标准的漏斗为 60° 的圆锥角，若滤纸与漏斗不完全密合，可调整滤纸的折叠角度直到完全密合为止。实验中，将三层厚的滤纸外层撕下一角并保存在洁净干燥的表面皿中，以待后面转移沉淀时擦玻璃棒和烧杯用。滤纸的折叠和安放方法如图 2.12 所示。

滤纸折叠和安放在漏斗后，用手指按住三层厚的一边，用洗瓶挤出少量的水将滤纸润湿，然后轻压滤纸赶出气泡，直至滤纸与漏斗间没有空隙。为了保证较快的过滤速度，漏斗颈内应能形成水柱。具体的做法是：加水至滤纸边缘，这时漏斗内被水全部充满，形成水柱，当漏斗内的水全部流出后，颈内仍能保留水柱且无气泡。若不能形成完整的水柱，可用

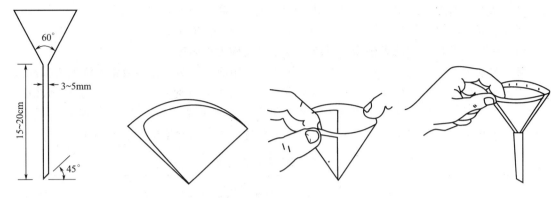

图 2.12　滤纸的折叠与安放

手指堵住漏斗口，将三层滤纸厚的一边略微掀起并加入适量的水，直至漏斗颈和锥体的大部分被水充满；然后紧压滤纸边缘，排出气泡，最后慢慢松开堵住漏斗的手指，即可形成水柱。在过滤和洗涤过程中，借助水柱的抽吸作用可明显加快过滤速度，缩短实验时间。

过滤时，将准备好的漏斗放在架好的过滤架上，下面放一洁净的烧杯承接滤液。注意，漏斗颈出口长的一边靠着烧杯壁，使滤液沿壁流下以防冲溅；同时漏斗的出口一定要高于液面。

（2）微孔玻璃滤器　有些沉淀不能与滤纸一起灼烧，因其易被还原，如 AgCl 沉淀、有些沉淀不需灼烧，只需烘干即可称量，如丁二酮肟镍沉淀、磷铝酸喹啉沉淀等，但也不能用滤纸过滤，因为滤纸烘干后，重量改变很多，在这种情况下，应该用微孔玻璃坩埚（或微孔玻璃漏斗）过滤，如图 2.13 所示。其滤板是用玻璃粉末在高温下熔结而成的，因此又常称为玻璃砂芯漏斗或坩埚。此类滤器均不能过滤强碱性溶液，以免强碱腐蚀玻璃微孔。

这类滤器的分级和牌号见表 2.4。

滤器的牌号规定以每级孔径的上限值前置以字母："P"表示，上述牌号是我国 1990 年开始实施的新标准，过去玻璃滤器一般分为 6 种型号，现将过去使用的玻璃滤器的旧牌号及孔径列于表 2.5。

微孔玻璃坩埚　　微孔玻璃漏斗

图 2.13　微孔玻璃滤器

表 2.4　滤器的分级和牌号[①]

牌号	孔径分级/μm		牌号	孔径分级/μm	
	>	≤		>	≤
$P_{1.6}$	—	1.6	P_{40}	16	40
P_4	1.6	4	P_{100}	40	100
P_{10}	4	10	P_{160}	100	160
P_{16}	10	16	P_{250}	160	250

① 资料引自 GB 11415—89。

表 2.5　滤器的旧牌号及孔径范围

旧牌号	G_1	G_2	G_3	G_4	G_5	G_6
滤板孔径/μm	80～120	40～80	15～40	5～15	2～5	<2

分析实验中常用 P_{40}（G_3）和 P_{16}（G_4）号玻璃滤器，例如，过滤金属汞用 P_{40} 号，过滤 $KMnO_4$ 溶液用 P_{16} 号漏斗式滤器，重量法测 Ni 用 P_{16} 号坩埚式滤器。

$P_{1.6}$～P_4 号常用于过滤微生物，所以这种滤器又称为细菌漏斗。

微孔玻璃漏斗（坩埚）使用时注意：新的滤器使用前应用热浓盐酸或铬酸洗液边抽滤边清洗，再用蒸馏水洗净。使用后的微孔玻璃滤器，针对不同沉淀物采用适当的洗涤剂洗涤。首先用洗涤剂、水反复抽洗或浸泡玻璃滤器，再用蒸馏水冲洗干净，在 110℃ 条件下烘干，保存在无尘柜或有盖容器中备用。表 2.6 列出微孔玻璃滤器的常用洗涤剂可供选用。

表 2.6　微孔玻璃滤器的常用洗涤剂

沉淀物	洗涤剂
AgCl	1∶1 氨水或 10％ $Na_2S_2O_3$ 溶液
$BaSO_4$	热浓硫酸或 EDTA-NH_3 溶液（3％ EDTA 二钠盐 500mL 与浓氨水 100mL 混合），加热洗涤
CuO	热 $KClO_4$ 或 HCl 混合液
有机物	铬酸洗液

2.4.2　沉淀的生成

重量分析要求被测组分沉淀完全、纯净、溶解损失少，要达到此目的，尽量创造条件以获得晶形粗大的晶形沉淀。对晶形沉淀条件应做到"五字原则"，即稀、热、慢、搅、陈。

① 稀　沉淀的溶液配制要适当稀，同时沉淀剂也用稀溶液。

② 热　沉淀应在热溶液中进行。

③ 慢　沉淀剂的加入速度要缓慢。

④ 搅　沉淀时要用玻璃棒不断搅拌。

⑤ 陈　沉淀完全后，要静置陈化一段时间。

沉淀反应结束后，应检查沉淀是否完全，方法是将沉淀溶液静止一段时间后，向上层溶液中滴加 1 滴沉淀剂，观察交界面是否浑浊，如浑浊，表明沉淀未完全，还需加入沉淀剂；反之，如清亮则表示沉淀完全。

沉淀完全后，盖上表面皿，放置一段时间或在水浴中保温静置 1h 左右，让沉淀的小晶体生成大晶体，不完整的晶体转为完整的晶体，此过程称为陈化。

2.4.3　沉淀的过滤和洗涤

过滤的目的在于将沉淀从母液中分离出来，使其与过量的沉淀剂及其他杂质组分分开；洗涤的目的是为了洗去沉淀表面所吸附的杂质和残留的母液，获得纯净的沉淀。过滤和洗涤必须一次完成，不能间断。在操作过程中，不得造成沉淀的损失。

过滤分为两种情况：一用滤纸过滤；二用微孔玻璃漏斗或玻璃坩埚过滤。

(1) 用滤纸过滤　过滤分三步进行。第一步采用倾泻法，尽可能地过滤上层清液，如图 2.14 所示；第二步转移沉淀到漏斗上；第三步清洗烧杯和漏斗上的沉淀。此三步操作一定要一次完成，不能间断，尤其是过滤胶状沉淀时更应如此。

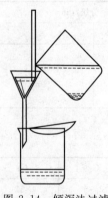
图 2.14　倾泻法过滤

第一步采用倾泻法是为了避免沉淀过早堵塞滤纸上的空隙，影响过滤速度。沉淀剂加完后，静置一段时间，待沉淀下降后，将上层清液沿玻璃棒倾入漏斗中，玻璃棒要直立，下端对着滤纸的三层边，尽可能靠近滤纸但不接触。倾入的溶液量一般只充满滤纸的 2/3，离滤纸上边缘至少 5mm，否则少量沉淀因毛细管作用越过滤纸上缘，造成损失。

暂停倾泻溶液时，烧杯应沿玻璃棒使其向上提起，逐渐使烧杯直立，以免使烧杯嘴上的液滴流失。可在带沉淀的烧杯下放置一块小木头，使烧杯倾斜，以利沉淀和清液分开，待烧杯中清液澄清后，继续倾注，重复上述操作，直至上层清液倾完为止。开始过滤后，要检查滤液是否透明，如浑浊，应另换一个洁净烧杯，将滤液重新过滤。

用倾泻法将清液完全过滤后，应对沉淀作初步洗涤。选用什么洗涤液，应根据沉淀的类型和实验内容而定，洗涤时，沿烧杯壁旋转着加入约 10mL 洗涤液（或蒸馏水）冲洗烧杯四周内壁，使黏附着的沉淀集中在烧杯底部，待沉淀下沉后，按前述方法，倾出清液，如此重复 3～4 次，然后再加入少量洗涤液于烧杯中，搅动沉淀使之均匀，立即将沉淀和洗涤液一起，通过玻璃棒转移至漏斗上，再加入少量洗涤液于杯中，搅拌均匀，转移至漏斗上，重复几次，使大部分沉淀都转移到滤纸上，然后将玻璃棒横架在烧杯口上，下端应在烧杯嘴上，且超出杯嘴 2～3cm，用左手食指压住玻璃上端，大拇指在前，其余手指在后，将烧杯倾斜放在漏斗上方，杯嘴向着漏斗，玻璃棒下端指向滤纸的三边层，用洗瓶或滴管冲洗烧杯内壁，沉淀连同溶液流入漏斗中（如图 2.15 所示）。如有少许沉淀牢牢黏附在烧杯壁上而冲洗不下来，可用前面折叠滤纸时撕下的纸角，以水湿润后，先擦玻璃棒上的沉淀，再用玻璃棒按住纸块沿杯壁自上而下旋转着把沉淀擦"活"，然后用玻璃棒将它拨出，放入该漏斗中心的滤纸上，与主要沉淀合并，用洗瓶冲洗烧杯，把擦"活"的沉淀微粒冲洗入漏斗中。在明亮处仔细检查烧杯内壁、玻璃棒、表面皿是否干净、不黏附沉淀，若仍有一点痕迹，再行擦拭，转移，直到完全为止。

图 2.15　转移沉淀的操作

过滤常用于除去（或得到）液体中混有的不溶性固体杂质，是混合物分离的常用方法。现将过滤操作的要点总结如下。

① 制作过滤器　取一张圆形滤纸，先对折成半圆，再对折成扇形，然后展开成锥形，放入漏斗中试一试，看是否和漏斗角度一样，如果不一样就要调整滤纸角度直到和漏斗角度完全一样，再用滴管取少量蒸馏水将滤纸湿润，使滤纸紧贴于漏斗内壁，中间不能有气泡，以免减缓过滤速度。同时还要注意：放入漏斗后的滤纸边缘，要比漏斗口边缘约低 5～10mm，若过大则要用剪刀剪去多余的部分。

② 过滤操作

a. 将制作好的过滤器放在铁架台的铁圈上，调整高度，使漏斗的最下端与烧杯内壁紧密接触，这样可以使滤液沿着烧杯内壁流下来，不致迸溅出来。

b. 过滤时，往漏斗中倾注液体必须用玻璃棒引流，使液体沿着玻璃棒缓缓流入过滤器内，玻璃棒的下端要轻轻接触有三层滤纸的一面，注入液体的液面要低于滤纸的边缘，防止滤液从漏斗和滤纸之间流下去，影响过滤质量。

综上所述，我们可以把过滤的要点总结为"一贴、二低、三接触"，即：要将滤纸紧贴漏斗内壁（此为"一贴"）；滤纸边缘要低于漏斗口边缘，过滤时液体液面要低于滤纸边缘（此为"二低"）；漏斗最下端要接触烧杯内壁，引流的玻璃棒下端要接触滤纸的三层一面，倾倒液体的烧杯要接触引流的玻璃棒（此为"三接触"）。

图 2.16　在滤纸上
洗涤沉淀

　　沉淀全部转移至滤纸上后，接着要进行洗涤，目的是除去吸附在沉淀表面的杂质及残留液。洗涤方法如图 2.16 所示，将洗涤液装入洗瓶，轻轻挤压洗瓶，使洗涤液充满洗瓶的导出管后，再将洗瓶拿在漏斗上方，使洗瓶的水流从滤纸的多重边缘开始，螺旋形地往下移动，最后到多重部分停止，这称为"从缝到缝"，这样可使沉淀洗得干净且可将沉淀集中到滤纸的底部。为了提高洗涤效率，应掌握洗涤方法的要领。洗涤沉淀时要少量多次，即每次螺旋形往下洗涤时，所用洗涤液的量要少，以便于尽快沥干，沥干后，再行洗涤。如此反复多次，直至沉淀洗净为止，这通常称为"少量多次"原则。

　　过滤和洗涤沉淀的操作，必须不间断地一次完成。若时间间隔过久，沉淀会干涸，粘成一团，就几乎无法洗涤干净了。

　　(2) 用微孔玻璃漏斗或玻璃坩埚过滤　不需称量的沉淀或烘干后即可称量或热稳定性差的沉淀，均应在微孔玻璃漏斗（坩埚）内进行过滤。玻璃漏斗（坩埚）必须在抽滤的条件下，采用倾泻法过滤，其过滤、洗涤、转移沉淀等操作均与滤纸过滤法相同。

2.4.4　沉淀的烘干与灼烧

　　沉淀经加热处理，即获得组成恒定的与化学式表示组成完全一致的沉淀。

　　(1) 沉淀的包裹　对于胶状沉淀，因体积大，可用扁头玻璃棒将滤纸的三层部分挑起，向中间折叠，将沉淀全部盖住，如图 2.17 所示，再用玻璃棒轻轻转动滤纸包，以便擦净漏斗内壁可能粘有的沉淀。然后将滤纸包转移至已恒重的坩埚中，进行烘干与灼烧。

　　包裹晶形沉淀可按照图 2.18 法卷成小包，将沉淀包好后，用滤纸原来不接触沉淀的那部分，将漏斗内壁轻轻擦一下，擦下可能粘在漏斗上部的沉淀微粒。把滤纸包的三层部分向上放入已恒重的坩埚中，这样可使滤纸较易灰化。

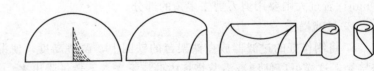

图 2.17　胶状沉淀滤纸的折卷　　　　　　图 2.18　过滤后滤纸的折卷

　　(2) 沉淀的烘干　烘干一般是在 250℃ 以下进行。将放有沉淀包的坩埚倾斜置于泥三角上，使多层滤纸部分朝上，以利烘干，如图 2.19 (a) 所示。沉淀烘干这一步不能太快，尤其对于含有大量水分的胶状沉淀，很难一下烘干，若加热太猛，沉淀内部水分迅速汽化，会夹带沉淀溅出坩埚，造成实验失败。

　　对用微孔玻璃滤器过滤的沉淀，可用烘干方法处理。其方法为将微孔玻璃滤器连同沉淀

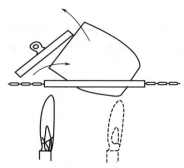

(a) 沉淀的干燥和　　　(b) 滤纸的灰化和
　　滤纸的炭化　　　　　沉淀的灼烧

图 2.19　烘干和炭化

放在表面皿上，置于烘箱中，选择合适温度。第一次烘干时间可稍长（如 2h），第二次烘干时间可缩短为 40min，沉淀烘干后，置于干燥器中冷至室温后称量。如此反复操作几次，直至恒重为止。注意每次操作条件要保持一致。

(3) 滤纸的炭化和灰化　当滤纸包烘干后，滤纸层变黑而炭化，此时应控制火焰大小，使滤纸只冒烟而不着火，因为着火后，火焰卷起的气流会将沉淀微粒吹走。如果滤纸着火，应立即停止加热，用坩埚钳夹住坩埚盖住，让火焰自行熄灭，切勿用嘴吹熄。

滤纸全部炭化后，把煤气灯置于坩埚底部，逐渐加大火焰，并使氧化焰完全包住坩埚，烧至红热，把炭完全烧成灰，这种将炭燃烧成二氧化碳除去的过程叫灰化，如图 2.19（b）所示。

(4) 沉淀的灼烧　灼烧是指高于 250℃ 以上温度进行的处理。它适用于用滤纸过滤的沉淀，灼烧是在预先已烧至恒重的瓷坩埚中进行的。

滤纸灰化后，将坩埚移入马弗炉中（根据沉淀性质调节适当温度），盖上坩埚盖，但留有空隙。在与灼热空坩埚相同的温度下，灼烧 40～45min，与空坩埚灼烧操作相同，取出，冷至室温，称量。然后进行第二次、第三次灼烧，直至坩埚和沉淀恒重为止。一般第二次以后只需灼烧 20min 即可。所谓恒重，是指相邻两次灼烧后的称量差值不大于 0.3mg。每次灼烧完毕从炉内取出后，都应在空气中稍冷后，再移入干燥器中，冷却至室温后称量。然后再灼烧、冷却、称量。然后进行第二次、第三次灼烧，直至坩埚和沉淀恒重为止。要注意每次灼烧、称量和放置的时间都要保持一致。

2.4.5　马弗炉

先将温度控制器的温控指针（或旋钮）调至需要的温度，把坩埚放至炉膛内，关闭炉门。

接通电源，打开温度控制器的电源开关，即开始加热，当温度指示指针达到调节温度时，即可恒温灼烧，此时红绿灯应不时交替熄亮。

马弗炉使用的注意事项如下。

① 灼烧完毕后，应先拉下电闸，切断电源。但不可立即打开炉门，以免炉膛骤然受冷碎裂。一般可先开一条小缝，让其降温快些，最后用长柄坩埚钳取出被烧物体。

② 马弗炉在使用时，要经常照看，防止自控失灵，造成电炉丝烧断等事故。晚间无人

看管时，切勿启用马弗炉。

③ 炉膛内要保持清洁，炉子周围不要堆放易燃易爆物品。

④ 马弗炉不用时，应切断电源，并将炉门关好，防止耐火材料受潮侵蚀。

2.4.6　干燥器

干燥器是具有磨口盖子的密闭厚壁玻璃器皿，常用以保存坩埚、称量瓶、试样等物。它的磨口边缘涂一薄层凡士林，使之能与盖子密合，如图 2.20 所示。

图 2.20　干燥器

干燥器底部盛放干燥剂，最常用的干燥剂是变色硅胶和无水氯化钙，其上搁置洁净的带孔瓷板。坩埚等即可放在瓷板孔内。

干燥剂吸收水分的能力都是有一定限度的。例如硅胶，20℃时，被其干燥过的 1L 空气中残留水分为 6×10^{-3} mg；无水氯化钙，25℃时，被其干燥过的 1L 空气中残留水分小于 0.36mg。因此，干燥器中的空气并不是绝对干燥的，只是湿度较低而已。

使用干燥器时应注意下列事项。

① 干燥剂不可放得太多，以免沾污坩埚底部。

② 搬移干燥器时，要用双手拿着，用大拇指紧紧按住盖子，如图 2.21 所示。

图 2.21　搬干燥器的动作

③ 打开干燥器时，不能往上掀盖，应用左手按住干燥器，右手小心地把盖子稍微推开，等冷空气徐徐进入后，才能完全推开，盖子必须仰放在桌子上。

④ 不可将太热的物体放入干燥器中。

⑤ 有时较热的物体放入干燥器中后，空气受热膨胀会把盖子顶起来，为了防止盖子被打翻，应当用手按住，不时把盖子稍微推开（不到 1s），以放出热空气。

⑥ 灼烧或烘干后的坩埚和沉淀，在干燥器内不宜放置过久，否则会因吸收一些水分而使质量略有增加。

⑦ 变色硅胶干燥时为蓝色（含无水 Co^{2+} 色），受潮后变粉红色（水合 Co^{2+} 色）。可以

在 120℃烘受潮的硅胶，待其变蓝后反复使用，直至破碎不能用为止。

2.5　吸光光度法和仪器介绍

吸光光度法（spectrophotometry）是基于物质分子对光的选择性吸收而建立起来的分析方法。各种不同的物质都具有其各自的吸收光谱，因此当某单色光通过溶液时，其能量就会被吸收而减弱，光能量减弱的程度和物质的浓度有一定的比例关系，也即符合于比色原理——比耳定律。

按物质吸收的波长不同，分光光度法可分为可见分光光度法、紫外分光光度法及红外分光光度法（又称红外光谱法）。

如果将各种波长的单色光，依次通过一定浓度的某物质溶液，测量该溶液对各种光的吸收程度，然后以波长为横坐标，以物质的吸光度为纵坐标作图，所得的曲线为该物质的吸收光谱（或吸收曲线），如图 2.22 所示。吸收曲线中显示的各个峰称为吸收峰，其最大吸收峰对应的波长称为最大吸收波长，用 λ_{max} 表示。不同浓度的同一物质，其最大吸收波长 λ_{max} 位置不变，吸收曲线的形状相似。通常选择在 λ_{max} 进行物质含量的测定，以获得较高的灵敏度。但不同物质的 λ_{max} 是不相同的，它可以作为物质定性鉴定的基础。

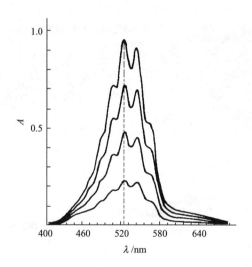

图 2.22　高锰酸钾吸收曲线

吸光光度法的基本原理是：由光源发出白光，采用分光装置，获得单色光，让单色光通过有色溶液，透过光的强度通过检测器进行测量，从而求出被测物质含量。

分光光度计的主要部件：分光光度计不论其型号如何，基本上均由光源、单色器、吸收池、检测器、显示系统等 5 个部分组成（图 2.23）。

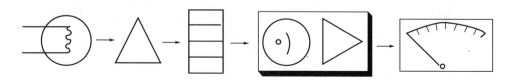

图 2.23　分光光度计组成

工作曲线又称标准曲线，它是吸光光度法中最经典的定量方法，尤其适用于单色光不纯的仪器。具体做法是：首先配制一系列不同浓度的标准溶液，然后和被测溶液同时进行处理、显色，在相同的条件下分别测定每个溶液的吸光度。以标准溶液的浓度为横坐标、以相应的吸光度为纵坐标，绘制标准曲线。若符合朗伯-比尔定律，则得到一条通过原点的直线，称为工作曲线。然后用被测溶液的吸光度从工作曲线上找出对应的被测溶液的浓度，这就是工作曲线法。

2.5.1 使用方法

① 仪器预热。打开样品室盖（光门自动关闭）。开启电源，指示灯亮，仪器预热20min。选择开关置于"T"旋钮，使数字显示为"00.0"。

② 旋动波长手轮，把所需波长对准刻度线。

③ 将装有溶液的比色皿放置比色架中，令参比溶液置于光路。

④ 盖上样品室盖，调节透光率"100％T"旋钮，使数字显示为"100.0T"（如显示不到100％T，则可加按一次。）

⑤ 吸光度 A 的测量：仪器调 T 为 0 和 100％后，将选择开关转换至 A 调零旋钮，数字显示应为"．000"。然后拉出拉杆，使被测溶液置入光路，数字显示值即为试样的吸光度 A。

⑥ 测定完毕后，先打开样品室盖，再断电源。比色杯应清洗干净后，再贮放保存。

⑦ 浓度直读 按 MODE 键，使 CONC 指示灯亮，将已标定浓度的溶液移入光路，按下

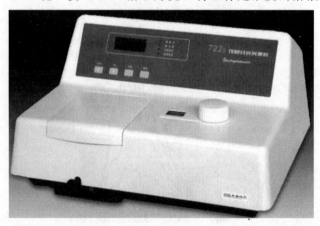

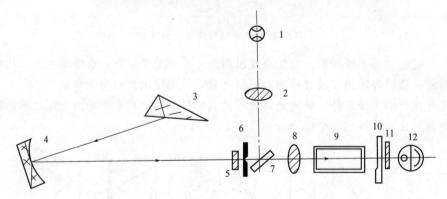

图 2.24　722 型分光光度计及其光学系统示意

1—光源；2—聚光透镜；3—色散棱镜；4—准光镜；5—保护玻璃；6—狭缝；

7—半反半透射镜；8—聚光透镜；9—吸光池；10—光门；11—保护玻璃；12—光电管

溶液调节键（↑100％T 键的 ↓0％键），使数字显示为标定值，将被测溶液移入光路，即读出相应浓度值。

⑧ 仪器数字显示背后，装有接线柱，按下 FUNC 键，可输出模拟信号。

722 型分光光度计及其光学系统示意如图 2.24。

2.5.2　可见分光光度计使用的注意事项

每台仪器所配套的比色皿，不能与其他仪器的比色皿单个调换。

为确保仪器稳定，在电压波动较大时，应将 220V 电源预先稳定。

当仪器工作不正常时，如数字显示无亮、光源灯不亮时，应检查仪器后盖保险丝是否损坏，然后检查电源是否接通，再检查电路。

每次使用结束后，应仔细检查样品室内是否有溶液溢出，若有溢出必须随时用滤纸吸干，否则会引起测量误差或影响仪器使用寿命。

每周要检查一次仪器内部干燥筒内防潮硅胶是否变色，若发现已变为红色，应及时取出调换或烘干至蓝色，待冷却后再放入。

2.5.3　比色皿使用注意事项

取拿比色皿时，应用手捏住比色皿的毛面，切勿触及透光面，以免透光面被沾污或磨损。

被测液以倒入比色皿的 3/4 高度为宜。

在测定一系列溶液吸光度时，通常都是按从稀到浓的顺序进行。使用的比色皿必须先用待测溶液润洗 2～3 次。

比色皿外壁的液体应用吸水纸吸干。

清洗比色皿时，一般用水冲洗。如比色皿被有机物沾污，宜用盐酸-乙醇混合液浸泡片刻，再用水冲洗。不能用碱液或强氧化性洗涤液清洗，也不能用毛刷刷洗，以免损伤比色皿。

第3章 基础实验

实验一 电子分析天平的称量练习

一、实验目的

① 了解分析天平的构造，学会正确的称量方法。

② 初步掌握采用电子天平称样的 3 种方法。

③ 了解在称量中如何运用有效数字。

二、仪器和试剂

无水碳酸钠。

电子分析天平，小烧杯（25mL），称量瓶，锥形瓶，滤纸。

三、实验步骤

(1) 称量检查 检查分析天平水平仪是否水平，检查电子天平内是否有洒落的试剂。

(2) 天平预热 开启电子天平电源按钮预热 30min。

(3) 称量

① 直接称量法 电子天平开机自检后，直接称量出 3 张滤纸的质量。

② 固定质量称量（准确称取样品 0.1000g） 用纸条夹一个洁净的 25mL 小烧杯放到电子天平的称量盘中央，关上天平门，显示出小烧杯的质量。按下 TARE 键（清零）除皮，打开天平右门，用小钥匙取无水碳酸钠试剂，慢慢加入小烧杯中，直至天平显示为 0.1000g 为止，关上天平门，天平依然显示为 0.1000g。

③ 减量法称量（三份质量在 0.1~0.2g）

a. 准备 3 只洁净并编有号码的锥形瓶。

b. 取一只装有无水碳酸钠的称量瓶，用纸条套住放入电子天平托盘中央，关好电子天平门，准确记下质量为 W_1g。

c. 取出称量瓶，打开瓶盖（用纸片包住盖柄），用盖轻敲称量瓶上缘，使试样慢慢倾入第一只锥形瓶中。倾样时，由于初次称量，缺乏经验，很难第一次倾准，因此第一次倾出少一点。将称量瓶慢慢竖起并不断敲击称量瓶上缘，使瓶口上不留试样。盖好盖子，再放入天平中称量。直到倾入锥形瓶中的无水碳酸钠的质量为 0.1~0.2g。记录好数据 w_2，所倾出的试样质量为 $m_{试剂1} = w_2 - w_1$。

d. 用同样的方法再称量 2 份 0.1~0.2g 无水碳酸钠至另 2 个锥形瓶中。（注意：记录的试样质量一定要和锥形瓶编号对应）

e. 称量完毕，将天平电源关闭，清扫天平托盘，关好天平门，罩上天平罩。

四、实验数据记录和计算

计算称量样品质量（表 3.1、表 3.2）。

表 3.1　直接法称量质量

称量方法	滤纸 1 质量/g	滤纸 2 质量/g	滤纸 3 质量/g
直接法			

表 3.2　减量法称量质量

称量方法	碳酸钠 1 质量/g	碳酸钠 2 质量/g	碳酸钠 3 质量/g
减量法	$w_1 =$ $w_2 =$ $m_{试剂1} =$	$w_2 =$ $w_3 =$ $m_{试剂2} =$	$w_3 =$ $w_4 =$ $m_{试剂3} =$

五、思考题

① 用分析天平称量的方法有哪几种？各有何优缺点？

② 在实验中记录称量数据应准至几位？为什么？

③ 称量时，每次均应将砝码和物体放在天平盘的中央。为什么？

④ 使用称量瓶时，如何操作才能保证试样不致损失？

⑤ 分析天平的灵敏度越高，是否称量的准确度就越高？

⑥ 递减称量法称量过程中能否用小勺取样，为什么？

实验二　酸碱标准溶液的配制和浓度的比较

一、实验目的

① 练习滴定操作，初步掌握准确确定终点的方法。

② 练习酸碱标准溶液的配制和浓度的比较。

③ 熟悉甲基橙和酚酞指示剂的使用和终点的变化。初步掌握酸碱指示剂的选择方法。

二、实验原理

浓盐酸易挥发，固体 NaOH 容易吸收空气中水分和 CO_2，因此不能直接配制准确浓度的 HCl 和 NaOH 标准溶液，只能先配制成近似浓度的溶液，然后用基准物质标定其准确浓度。也可用另一已知准确浓度的标准溶液滴定该溶液，再根据它们的体积比求得该溶液的浓度。

酸碱指示剂都具有一定的变色范围。0.1mol/L NaOH 和同浓度的 HCl 溶液的滴定（强碱与强酸的滴定），其突跃范围 pH 为 4.30～9.70，应当选择用在此范围内的变色范围指示剂。例如甲基橙或酚酞等。NaOH 和 HAc 溶液的滴定，是强碱和弱酸的滴定，其突跃范围处于碱性区域，应选用酚酞。

三、仪器和试剂

浓盐酸，固体 NaOH，甲基橙指示剂，酚酞指示剂。

锥形瓶，试剂瓶，烧杯，酸式滴定管，碱式滴定管，台秤。

四、实验步骤

(1) 0.1mol/L HCl（aq）和 0.1mol/L NaOH（aq）的配制　通过计算求出配制 400mL

0.1mol/L HCl（aq）所需浓盐酸的体积。然后用小量筒量取浓盐酸，加入水中，并稀释成 400mL，贮于玻璃塞细口瓶中，充分摇匀。

同理，计算求出配制 400mL 0.1mol/L NaOH（aq）所需氢氧化钠固体的质量，在托盘天平上迅速称出，置于烧杯中，立即用 400mL 水溶解，配制成溶液，贮于具有橡皮塞的细口瓶中，充分摇匀。

（2）NaOH（aq）与 HCl（aq）的浓度的比较 用移液管移取 3 份 25.00mL 0.1mol/L 的 NaOH（aq）于 3 个 250mL 锥形瓶中，并在锥形瓶中各滴入 1~2 滴酚酞指示剂。

取一支酸式滴定管，先用水将滴定管内壁冲洗 2~3 次（并检查是否漏液），然后用去离子水淌洗 2~3 次，最后用配制好的盐酸标准液淌洗 2~3 次，再于管内装满该酸溶液，然后排出滴定管尖空气泡，调零并读取初始读数。

取一只锥形瓶，放在该酸式滴定管下，边滴加盐酸边晃动锥形瓶，直至溶液由粉红色变无色为止，读取 HCl 溶液的终了读数。反复滴定 3 次，记下读数。

同理，用碱式滴定管装碱液滴定盐酸溶液，记录读数，重复 2 次。

五、实验数据记录和计算

见表 3.3、表 3.4。

表 3.3 盐酸滴定氢氧化钠溶液

记录项目	Ⅰ	Ⅱ	Ⅲ
V_{NaOH}/mL		25.00	
HCl 始/mL			
HCl 终/mL			
V_{HCl}/mL			
V_{NaOH}/V_{HCl}			
V_{NaOH}(平均)/V_{HCl}(平均)			
绝对偏差(d_i)			
相对平均偏差/%			

表 3.4 氢氧化钠溶液滴定盐酸

记录项目	Ⅰ	Ⅱ	Ⅲ
V_{HCl}/mL		25.00	
NaOH 始/mL			
NaOH 终/mL			
V_{NaOH}/mL			
V_{HCl}/V_{NaOH}			
V_{HCl}(平均)/V_{NaOH}(平均)			
绝对偏差(d_i)			
相对平均偏差/%			

六、思考题

① 滴定管在装入标准溶液前为什么要用此溶液淌洗内壁 2~3 次？用于滴定的锥形瓶或烧杯是否需要干燥？要不要用标准溶液淌洗？为什么？

②　为什么不能用直接配制法配制 NaOH 标准溶液？

③　配制 HCl 溶液及 NaOH 溶液所用的水的体积，是否需要准确量度？为什么？

④　装 NaOH 溶液的试剂瓶或滴定管，不宜用玻璃塞，为什么？

⑤　用 HCl 溶液滴定 NaOH 标准溶液时是否用酚酞作指示剂？

⑥　在每次滴定完成后，为什么要将标准溶液加至滴定管零点或近零点，然进行第二次滴定？

实验三　盐酸标准溶液的配制与标定

一、实验目的

①　进一步练习滴定操作，减量法称量物体，配制标准盐酸溶液。

②　学会标定 HCl 标准溶液的准确浓度。

二、实验原理

盐酸作为一种挥发性酸时不能采用直接法配制标准溶液的，实验二中我们已经配制了浓度近似为 0.1mol/L HCl 溶液，本实验以 Na_2CO_3 作为基准物来标定盐酸溶液的浓度。Na_2CO_3 有两个化学计量点，第一化学计量点（pH≈8.3）和第二化学计量点（pH≈3.9），相对于第一化学计量点附近的突跃，第二化学计量点附近的突跃比较明显，因此可选用甲基橙作为指示剂。但要注意滴定过程中要不断摇动锥形瓶以驱除反应生成的 CO_2，防止终点提前到达。

标定反应式　　　　　$Na_2CO_3 + 2HCl \rightleftharpoons 2NaCl + H_2CO_3$

计算式　　　　$c_{HCl} = \dfrac{2 \times m_{Na_2CO_3} \times 10^3}{M_{Na_2CO_3} \times V_{HCl}}$　　$M_{Na_2CO_3} = 106.0$

标定时常用甲基橙（1～2 滴）为指示剂。

三、仪器和试剂

0.1mol/L HCl 标准溶液，甲基橙指示剂，Na_2CO_3(s)。

烧杯，锥形瓶，试剂瓶、酸式滴定管，电子分析天平。

四、实验步骤

(1) 配制 0.1mol/L HCl 标准溶液　通过计算求出配制 400mL 0.1mol/L HCl 溶液所需浓盐酸的体积。然后用小量筒量取此量的浓盐酸，加入 400mL 水中，贮于玻塞细口瓶中，充分摇匀。

(2) 称取无水碳酸钠　通过计算求出无水碳酸钠所需的质量范围，然后用减量法准确称取 3 份无水碳酸钠于 3 只 250mL 锥形瓶中，并将每份称量质量记录在数据本上。

(3) HCl 标准溶液浓度的标定　在称取好无水碳酸钠的 3 只 250mL 锥形瓶中，各加水约 30mL，温热，摇动使之溶解，加入 1～2 滴甲基橙为指示剂，以 0.1mol/L HCl 标准溶液滴定至溶液由黄色转变为微红色。记下 HCl 标准溶液的耗用量，并计算出 HCl 标准溶液的浓度 c_{HCl}。

五、实验数据记录和计算

见表 3.5。

表 3.5　HCl 溶液的标定

记录项目	I	II	III
称量瓶＋Na_2CO_3（前）/g			
称量瓶＋Na_2CO_3（后）/g			
Na_2CO_3 的质量/g			
$V_{HCl终}$/mL			
$V_{HCl始}$/mL			
V_{HCl}/mL			
c_{HCl}/(mol/L)			
c_{HCl}/(mol/L)（平均值）			
绝对偏差（d_i）			
相对平均偏差/%			

六、思考题

① 溶解基准物 Na_2CO_3 所用水的体积的量，是否需要准确？为什么？

② 用于标定的锥形瓶，其内壁是否要预先干燥？为什么？

③ 用 Na_2CO_3 为基准物标定 0.1mol/L HCl 溶液时，基准物称量质量如何计算？

④ 用 Na_2CO_3 为基准物标定 HCl 溶液时，为什么不用酚酞作指示剂？

实验四　碱液中 NaOH 及 Na_2CO_3 含量的测定

一、实验目的

① 了解双指示剂法测定碱液中 NaOH 和 Na_2CO_3 含量的原理。

② 了解混合指示剂的使用及其优点。

二、实验原理

碱液中 NaOH 和 Na_2CO_3 的含量，可以在同一份试液中用两种不同的指示剂来测定，这种测定方法即所谓"双指示剂法"。此法方便、快速，在生产中应用普遍。

常用的两种指示剂是酚酞和甲基橙。在试液中先加酚酞，用 HCl 标准溶液滴定至红色刚刚退去。由于酚酞的变色范围 pH 在 8～10，此时不仅 NaOH 完全被中和，Na_2CO_3 也刚被滴定成 $NaHCO_3$，记下此时 HCl 标准溶液的耗用量 V_1。

$$NaOH + HCl = NaCl + H_2O$$
$$Na_2CO_3 + HCl = NaCl + NaHCO_3$$

再加入甲基橙指示剂，溶液呈黄色，滴定至终点时呈微红色，此时 $NaHCO_3$ 被滴定成 H_2CO_3，HCl 标准溶液的耗用量 V_2。

$$NaHCO_3 + HCl \Longrightarrow NaCl + H_2CO_3 \vdash H_2O + CO_2 \uparrow$$

根据 V_1、V_2 可以计算出试液中 NaOH 及 Na_2CO_3 的含量 X，计算式如下：

$$X_{Na_2CO_3} = \frac{V_2 \times c_{HCl} \times M_{Na_2CO_3}}{V_{试}} \qquad M_{Na_2CO_3} = 106.0$$

$$X_{NaOH} = \frac{(V_1 - V_2) \times c_{HCl} \times M_{NaOH}}{V_{试}} \qquad M_{Na_2CO_3} = 40.00$$

式中 c——浓度，mol/L；

X——NaOH 或 Na_2CO_3 的含量，g/L；

M——物质的摩尔质量，g/mol；

V——溶液的体积，mL。

双指示剂中的酚酞指示剂可用甲酚红和百里酚蓝混合指示剂代替。甲酚红的变色范围为 6.7（黄）～8.4（红），百里酚蓝的变色范围为 8.0（黄）～9.6（蓝），混合后的变色点是 8.3，酸色呈黄色，碱色呈紫色，在 pH 为 8.2 时为樱桃色，变色较敏锐。

三、仪器和试剂

0.1mol/L HCl 标准溶液（实验三标定），甲酚红和百里酚蓝混合指示剂，甲基橙指示剂，酚酞指示剂。

锥形瓶，移液管：25mL，酸式滴定管。

四、实验步骤

用移液管吸取碱液试样 25.00mL，加酚酞指示剂 2 滴，用 0.1mol/L HCl 标准溶液滴定，边滴加边充分摇动，以免局部 Na_2CO_3 直接被滴定至 H_2CO_3。滴定至酚酞恰好退色为止，此时即为终点，记下所用标准溶液的体积 V_1。然后再加 1～2 滴甲基橙指示剂，此时溶液呈黄色，继续以 HCl 溶液滴定至溶液呈微红色，此时即为终点，记下所用 HCl 溶液的体积 V_2。

五、实验数据记录和计算

见表 3.6。

表 3.6 混合碱中各组分浓度的测定

记录项目	I	II	III
V_{HCl}始/mL			
V_{HCl}终 1/mL			
V_{HCl}终 2/mL			
V_1/mL			
V_2/mL			
$c_{Na_2CO_3}$/(g/L)			
c_{NaOH}/(g/L)			
$c_{Na_2CO_3}$（平均值）/(g/L)			
c_{NaOH}（平均值）/(g/L)			
绝对偏差（d_i）			
相对平均偏差/%			

六、思考题

① 碱液中的 NaOH 及 Na_2CO_3 含量是怎样测定的？

② 如欲测定碱液的总碱度，应采用何种指示剂？试拟出测定步骤及 $Na_2O(g/L)$ 表示的总碱度的计算公式？

③ 试液的总碱度，是否宜于以百分含量表示？

④ 有一碱液，可能为 NaOH 或 $NaHCO_3$ 或 Na_2CO_3 或共存物的混合液。用标酸溶液滴定至酚酞终点时，耗去酸 V_1(mL)，继以甲基橙为指示剂滴定至终点时又耗去酸 V_2(mL)，根据 V_1 和 V_2 的关系判断该碱液的组成（表 3.7）。

表 3.7 混合碱组成判断

关　系	组　成
$V_1 > V_2$	
$V_1 < V_2$	
$V_1 = V_2$	
$V_1 = 0$　$V_2 > 0$	
$V_1 > 0$　$V_2 = 0$	

⑤ 现有某含有 HCl 和 CH_3COOH 的试液，欲测定其中 HCl 及 CH_3COOH 含量，试拟定分析方案。

实验五　EDTA 标准溶液的配制和标定

一、实验目的

① 学习 EDTA 标准溶液的配制和标定方法。

② 掌握络合滴定的原理，了解络合滴定的特点。

③ 熟悉钙指示剂或二甲酚橙指示剂的使用。

二、实验原理

乙二胺四乙酸（简称 EDTA，常用 H_4Y 表示）难溶于水，常温下其溶解度为 0.2g/L（约 0.0007mol/L），在分析中通常使用其二钠盐配制标准溶液。乙二胺四乙酸二钠盐的溶解度为 120g/L，可配制成 0.3mol/L 以上的溶液，其水溶液的 pH≈4.8，通常采用间接法配制标准溶液。

标定 EDTA 溶液常用的基准物有 Zn、ZnO、$CaCO_3$、Bi、Cu、$MgSO_4 \cdot 7H_2O$、Hg、Ni、Pb 等。通常选用其中与被测物组分相同的物质作基准物，这样，滴定条件较一致，可减小误差。

EDTA 溶液若用于测定石灰石或白云石中 CaO、MgO 的含量，则宜用 $CaCO_3$ 为基准物。首先可加 HCl 溶液，其反应方程式如下：

$$CaCO_3 + 2HCl \Longrightarrow CaCl_2 + CO_2 + H_2O$$

然后把溶液转移到容量瓶中并稀释，制成钙标准溶液。吸取一定量钙标准溶液，调节酸度至 pH≥12，用钙指示剂，以 EDTA 溶液滴定至溶液由酒红色变纯蓝色，即为终点。

其变色原理如下：钙指示剂（NN 表示）在 pH≥12 的溶液中，NN 与 Ca^{2+} 形成比较稳定的络离子，其反应如下：

$$NN(蓝色) + Ca^{2+} == Ca\text{-}NN(酒红色)$$

因此，当指示剂加入钙标准溶液中时，溶液呈酒红色。当用 EDTA 溶液滴定时，由于 EDTA 能与 Ca^{2+} 形成比 Ca-NN 络离子更稳定的络离子，因此在滴定终点附近，Ca-NN 络离子不断转化为较稳定的 CaY^{2-} 络离子，而钙指示剂 NN 则被游离了出来，其反应可表示如下：

$$CaNN(酒红色) + H_2Y^{2-} + 2OH^- == CaY^{2-} + 2H_2O + NN(蓝色)$$

用此法测定钙时，若有 Mg^{2+} 共存〔当调节溶液酸度为 pH≥12 时，Mg^{2+} 将形成 $Mg(OH)_2$ 沉淀〕，则 Mg^{2+} 不仅不干扰钙的测定，而且此时终点比 Ca^{2+} 单独存在时更敏锐。当 Ca^{2+}、Mg^{2+} 共存时，终点由酒红色到纯蓝色，当 Ca^{2+} 单独存在时则由酒红色到紫蓝色。所以测定单独存在的 Ca^{2+} 时，常常加入少量 Mg^{2+}。

$$c_{EDTA} \times V_{EDTA} \times 10^{-3} = \frac{m_{CaCO_3}}{M_{CaCO_3}} \times \frac{1}{10}$$

式中　c_{EDTA}——EDTA 标准溶液的浓度，mol/L；

　　　V_{EDTA}——滴定时用去的 EDTA 标准溶液的体积，mL；

　　　M_{CaCO_3}——$CaCO_3$ 的摩尔质量，100.1g/mol。

EDTA 溶液若用于测定 Pb^{2+}、Bi^{3+}，则宜以 ZnO 或金属锌为基准物，以二甲酚橙为指示剂。在 pH≈5～6 的溶液中，二甲酚橙指示剂本身显黄色，与 Zn^{2+} 的络合物呈紫红色。EDTA 与 Zn^{2+} 形成更稳定的络合物，因此用 EDTA 溶液滴定至终点时，二甲酚橙被游离了出来，溶液由紫红色变为黄色。

$$c_{EDTA} \times V_{EDTA} \times 10^{-3} = \frac{m_{ZnO}}{M_{ZnO}} \times \frac{1}{10}$$

式中　c_{EDTA}——EDTA 标准溶液的浓度，mol/L；

　　　V_{EDTA}——滴定时用去的 EDTA 标准溶液的体积，mL；

　　　M_{ZnO}——ZnO 的摩尔质量，81.39g/mol。

络合滴定中所用的水，应不含 Fe^{3+}、Al^{3+}、Cu^{2+}、Ca^{2+}、Mg^{2+} 等杂质离子。

三、仪器和试剂

（1）以 $CaCO_3$ 为基准物时所用试剂　乙二胺四乙酸二钠（固体，A.R.），$CaCO_3$（固体，G.R. 或 A.R.），镁溶液（溶解 1g $MgSO_4 \cdot 7H_2O$ 于水中，稀释至 200mL），10% NaOH 溶液，钙指示剂（固体指示剂）。

（2）以 ZnO 为基准物时所用试剂　ZnO（G.R. 或 A.R.），1+1HCl，1+1NH$_3 \cdot$ H$_2$O，二甲酚橙指示剂，20% 六亚甲基四胺溶液。

台秤，电子分析天平，锥形瓶，移液管，酸式滴定管。

四、实验步骤

（1）0.01mol/L EDTA 溶液的配制　在台秤上称取乙二胺四乙酸二钠 1.5g 溶解于温水中，配制成 400mL 溶液，如混浊，应过滤。转移至 500mL 细口瓶中，摇匀。

（2）以 $CaCO_3$ 为基准物标定 EDTA 溶液

① 0.01mol/L 标准钙溶液的配制　置碳酸钙基准物于称量瓶中，在 110 ℃干燥 2 h，置

干燥器中冷却后，准确称取 0.25～0.3g 于小烧杯中，盖以表面皿，加约 1mL 水润湿，再从杯嘴边逐滴加入数毫升 1+1 HCl 至完全溶解，用水把可能溅到表面皿上的溶液淋洗入杯中，加热近沸，待冷却后转移入 250mL 容量瓶中，稀释至刻度，摇匀。

② 标定　用移液管移取 25mL 标准钙溶液 3 份，置于锥形瓶中，加入约 25mL 水、2mL 镁溶液、5mL 10% NaOH 溶液及约 10mg（绿豆大小）钙指示剂，摇匀后，用 EDTA 溶液滴定至由酒红色变至纯蓝色，即为终点。

(3) 以 ZnO 为基准物标定 EDTA 溶液

① 锌标准溶液的配制　准确称取在 800～1000℃ 灼烧过（需 20min 以上）的基准物 ZnO 0.5～0.6g 于 100mL 烧杯中，用少量水润湿，然后逐滴加入 1+1HCl，边加边搅至完全溶解为止。然后将溶液定量转移入 250mL 容量瓶中，稀释至刻度并摇匀。

② 标定　移取 25mL 锌标准溶液于 250mL 锥形瓶中，加约 30mL 水，2～3 滴二甲酚橙指示剂，先加 1+1 氨水至溶液由黄色刚变橙色（不能多加），然后滴加 20% 六亚甲基四胺至溶液呈稳定的紫红色后再多加 3mL，用 EDTA 溶液滴定至溶液由红紫色变亮黄色，即为终点。

五、实验数据记录和计算

见表 3.8。

表 3.8　CaCO₃/ZnO 为基准物标定 EDTA 溶液

记录项目	Ⅰ	Ⅱ	Ⅲ
$m_{CaCO_3/ZnO}$/g		$m_{CaCO_3/ZnO}=m_1-m_2$	
V_{EDTA}始/mL			
V_{EDTA}终/mL			
V_{EDTA}/mL			
c_{EDTA}/(mol/L)			
c_{EDTA}(平均值)/(mol/L)			
绝对偏差(d_i)			
相对平均偏差/%			

六、思考题

① 以 HCl 溶液溶解 CaCO₃ 基准物时，操作中应注意些什么？

② 以 CaCO₃ 为基准物标定 EDTA 溶液时，加入镁溶液的目的是什么？

③ 以 CaCO₃ 为基准物，以钙指示剂为指示剂标定 EDTA 溶液时，应控制溶液的酸度为多少？为什么？怎么控制？

④ 以 ZnO 为基准物，以二甲酚橙为指示剂标定 EDTA 溶液浓度的原理是什么？溶液的 pH 值应控制在什么范围？若溶液为强酸性，应怎样调节？

⑤ 络合滴定法与酸碱滴定法相比，有哪些不同点？操作中应注意哪些问题？

⑥ 如果 EDTA 溶液在长期贮存中因侵蚀玻璃而含有少量 CaY^{2-}、MgY^{2-}，则在 pH=10 的氨性溶液中用 Mg^{2+} 标定和 pH=4～5 的酸性介质中用 Zn^{2+} 离子标定，所得结果是否一致？为什么？

【注释】

　　络合反应进行的速度较慢（不像酸碱反应能在瞬间完成），故滴定时加入 EDTA 溶液的速度不能太快，在室温低时，尤要注意。特别是近终点时，应逐滴加入，并充分振摇。

实验六　自来水的硬度测定

一、实验目的

　　① 了解水的硬度的测定意义和常用的硬度表示方法。
　　② 掌握 EDTA 法测定水的硬度的原理和方法。
　　③ 掌握铬黑 T 和钙指示剂的应用，了解金属指示剂的特点。

二、实验原理

　　一般含有钙、镁盐类的水叫硬水（硬水和软水尚无明确的界限，硬度小于 5.6 度的，一般可称软水）。硬度有暂时硬度和永久硬度之分。

　　暂时硬度——水中含有钙、镁的酸式碳酸盐，遇热即成碳酸盐沉淀而失去其硬度。其反应如下：

$$Ca(HCO_3)_2 \longrightarrow CaCO_3(完全沉淀) + CO_2\uparrow + H_2O$$

$$Mg(HCO_3)_2 \longrightarrow MgCO_3(不完全沉淀) + CO_2\uparrow + H_2O$$
$$\qquad\qquad\qquad \Big| +H_2O$$
$$\qquad\qquad\qquad \longrightarrow Mg(OH)_2\downarrow + CO_2\uparrow$$

　　永久硬度——水中含有钙、镁的硫酸盐、氯化物、硝酸盐，在加热时亦不沉淀（但在锅炉运行温度下，溶解度低的可析出而成为锅垢）。

　　暂硬和永硬的总和称为"总硬"。由镁离子形成的硬度称为"镁硬"，由钙离子形成的硬度称为"钙硬"。

　　水中钙、镁离子含量，可用 EDTA 法测定。总硬则以铬黑 T 为指示剂，控制溶液的酸度为 pH$\approx$10，以 EDTA 标准溶液滴定之。由 EDTA 溶液的浓度和用量，可算出水的总硬度，由总硬减去钙硬即为镁硬。

　　总硬测定滴定反应如下：

滴定前　　　　　　　　$Mg^{2+} + EBT(纯蓝色) \longrightarrow Mg\text{-}EBT(酒红色)$

滴定过程　　　　　　　$Ca^{2+} + H_2Y^{2-} + 2OH^- \Longrightarrow CaY^{2-} + 2H_2O$

　　　　　　　　　　　$Mg^{2+} + H_2Y^{2-} + 2OH^- \Longrightarrow MgY^{2-} + 2H_2O$

滴定终点　$Mg\text{-}EBT(酒红色) + H_2Y^{2-} + 2OH^- \Longrightarrow MgY^{2-} + 2H_2O + EBT(纯蓝色)$

　　钙硬测定原理与以 $CaCO_3$ 为基准物标定 EDTA 标准溶液浓度相同。在样品中滴加 NaOH 溶液至 pH$>$12，这时 Mg^{2+} 沉淀为 $Mg(OH)_2$ 而被掩蔽。

　　水的硬度的表示方法有多种，随各国的习惯而有所不同。有将水中的盐类都折算成 $CaCO_3$，而以 $CaCO_3$ 的量作为硬度标准的。也有将盐类合算成 CaO 而以 CaO 的量来表示的。我国目前常采用的表示方法：以度（°）计，1 硬度单位表示 1L 水中含有 10mg 的 CaO。

$$硬度(°) = \frac{c_{EDTA} V_{EDTA} M_{CaO}}{V_{水样}} \times 10^2$$

式中 c_{EDTA}——EDTA 标准溶液的浓度，mol/L；

V_{EDTA}——滴定时用去的 EDTA 标准溶液的体积，mL。若此量为滴定总硬时所耗用的，则所得硬度为总硬；若此量为滴定钙硬时所耗用的，则所得硬度为钙硬；

$V_{水样}$——水样体积，mL；

M_{CaO}——CaO 的摩尔质量，56.05g/mol。

三、仪器和试剂

0.01mol/L EDTA 标准溶液（实验五标定），NH₃-NH₄Cl(pH≈10)，10% NaOH 溶液，钙指示剂，铬黑 T 指示剂。

锥形瓶，移液管，酸式滴定管。

四、实验步骤

(1) 总硬的测定 准确移取澄清的水样 100mL[①] 放入 250mL 锥形瓶中，加入 5mL NH₃- NH₄Cl 缓冲液[②]，摇匀。再加入约 0.01g 铬黑 T 固体指示剂，再摇匀，此时溶液呈酒红色，以 0.01mol/L EDTA 标准溶液滴定至纯蓝色，即为终点。

(2) 钙硬的测定 量取澄清水样 100mL，放入 250mL 锥形瓶内，加 4mL 10% NaOH 溶液，摇匀，再加入约 0.01g 钙指示剂，再摇匀。此时溶液呈酒红色。用 0.01mol/L EDTA 标准溶液滴定至纯蓝色，即为终点。

(3) 镁硬的确定 由总硬减去钙硬即得镁硬。

五、实验数据记录和计算

见表 3.9。

表 3.9   自来水硬度的测定

记录项目	I	II	III
c_{EDTA}/(mol/L)			
$V_{水样}$/mL			
V_1/mL			
总硬/(°)			
总硬平均值/(°)			
绝对偏差(d_i)			
相对平均偏差/%			
V_2/mL			
钙硬/(°)			
钙硬平均值/(°)			
绝对偏差(d_i)			
相对平均偏差/%			
镁硬/(°)			

六、思考题

① 如果对硬度测定中的数据要求保留 3 位有效数字，应如何量取 100mL 水样？

② 用 EDTA 法怎样测出水的总硬？用什么指示剂？产生什么反应？终点变化反应？试液的 pH 应控制在什么范围？如何控制？测定钙硬又如何？

③ 如何得到镁硬？

④ 用 EDTA 法测定水的硬度时，哪些离子存在干扰？如何消除？

⑤ 当水样中 Mg^{2+} 含量低时，以铬黑 T 作指示剂测定水中 Ca^{2+}、Mg^{2+} 总量，终点不明晰，因此常在水样中先加少量 MgEDTA 络合物，再用 EDTA 滴定，终点就敏锐。这样做对测定结果有无影响？说明其原理。

【注释】

① 如果硬度大于 250ppm $CaCO_3$，则取样量应相应减少。若水样不是澄清的，必须过滤，过滤所用的仪器和滤纸必须是干燥的，最初和最后的滤液宜弃去。非属必要，一般不用纯水稀释水样。

如果水中有铜、锌、锰等离子存在，则会影响测定结果。铜离子存在时会使滴定终点不明显；锌离子参与反应，使结果偏高；锰离子存在时，加入指示剂后马上变成灰色，影响滴定。遇此情况，可在水样中加入 1mL 2% 的 Na_2S 溶液，使铜离子成 CuS 沉淀，锰的影响可借盐酸羟胺溶液消除。若有 Fe^{3+}、Al^{3+} 存在，可用三乙醇胺掩蔽。

② 硬度较大的水样，在加入缓冲溶液后常析出 $CaCO_3$、$(MgOH)_2CO_3$ 微粒，使滴定终点不稳定，遇此情况，可于水样中加入适量稀盐酸溶液，振摇后，再调节至中性，然后加缓冲液，则终点稳定。

实验七 铅铋混合液中 Bi^{3+}、Pb^{2+} 的连续测定

一、实验目的

① 掌握配位滴定法进行 Bi^{3+}、Pb^{2+} 连续测定的基本原理。

② 学习利用控制酸度来分别测定金属离子的基本方法。

③ 了解二甲酚橙指示剂的变色特征。

二、实验原理

Bi^{3+}、Pb^{2+} 均能与 EDTA 形成稳定的配合物，其 $\lg K$ 值分别为 27.94 和 18.04，两者稳定性相差很大，$\Delta pK = 9.90 > 6$。因此，可以用控制酸度的方法在同一份试液中连续滴定 Bi^{3+} 和 Pb^{2+}。在测定中，均以二甲酚橙（XO）作指示剂，XO 在 pH < 6 时呈黄色，在 pH > 6.3 时呈红色；而它与 Bi^{3+}、Pb^{2+} 所形成的配合物呈紫色，它们的稳定性与 Bi^{3+}、Pb^{2+} 和 EDTA 所形成的配合物相比要低，即 $K_{Bi-XO} < K_{Bi-EDTA}$，$K_{Pb-XO} < K_{Pb-EDTA}$，而 $K_{Bi-XO} > K_{Pb-XO}$。

测定时，先用 0.1mol/L HNO_3 调节溶液 pH 为 1.0，用 EDTA 标准溶液滴定溶液由紫红色突变为亮黄色，即位滴定 Bi^{3+} 的终点。然后加入六亚甲基四胺，调溶液 pH 为 5～6，

此时 Pb^{2+} 与 XO 形成紫红色配合物，继续用 EDTA 标准溶液滴定至溶液由紫红色突变为亮黄色，即为滴定 Pb^{2+} 的终点。

滴定时，若酸度过低，Bi^{3+} 将水解，产生白色浑浊，会使终点过早出现，而且产生回红现象，此时应放置片刻，继续滴定至透明的稳定的亮黄色，即为终点。

pH=1 时，滴定前	$Bi^{3+} + H_3 In^{4-} \Rightarrow BiH_3 In^-$
滴定开始至计量点前	$Bi^{3+} + H_2 Y^{2-} \Rightarrow BiY^- + 2H^+$
滴定终点	$H_2 Y^{2-} + BiH_3 In^- \Rightarrow BiY^- + 2H^+ + H_3 In^{4-}$
pH=5~6 时，滴定前	$Pb^{2+} + H_3 In^{4-} \Rightarrow PbH_3 In^{2-}$
滴定开始至计量点前	$Pb^{2+} + H_2 Y^{2-} \Rightarrow PbY^{2-} + 2H^+$
滴定终点	$H_2 Y^{2-} + PbH_3 In^{2-} \Rightarrow PbY^{2-} + 2H^+ + H_3 In^{4-}$

用 EDTA 溶液测定 Bi^{3+}、Pb^{2+}，则宜以 $ZnSO_4 \cdot 7H_2O$、ZnO 或金属锌为基准物。以二甲酚橙为指示剂。在 pH 约为 5~6 的溶液中，二甲酚橙指示剂本身显黄色，与 Zn^{2+} 的配合物呈紫红色。EDTA 与 Zn^{2+} 形成更稳定的配合物，因此用 EDTA 溶液滴定至终点时，二甲酚橙被游离出来，溶液由紫红色变为黄色。

三、仪器和试剂

$ZnSO_4 \cdot 7H_2O$(A. R.)，0.02mol/L EDTA 标准溶液，0.1mol/L HNO_3，1:1 HCl 溶液，20%六亚甲基四胺溶液，0.2%二甲酚橙水溶液，Bi^{3+}、Pb^{2+} 混合液（Bi^{3+}、Pb^{2+} 各约为 0.01mol/L，含 0.15mol/L $HNO_3^{①}$）。

酸式滴定管，锥形瓶，250mL 容量瓶，25mL 移液管，量筒，烧杯，电子分析天平，称量瓶，表面皿，滴管，玻璃棒，洗瓶。

四、实验步骤

(1) 0.02mol/L EDTA 溶液的配制 参见实验五。

(2) 0.02mol/L 锌标准溶液的配制 准确称取 1.2~1.5g $ZnSO_4 \cdot 7H_2O$ 于 250mL 烧杯中，加入适量水溶解，全部转移至 250mL 容量瓶中，加入蒸馏水稀释至刻度，摇匀，计算 Zn^{2+} 标准溶液的准确浓度。

(3) 0.02mol/L EDTA 标准溶液的标定 移取 25.00mL 锌标准溶液与 250mL 锥形瓶中，加入 2mL 1:1 盐酸，加入 10mL 20%六亚甲基四胺溶液，再加入 1~2 滴 0.2%二甲酚橙指示剂，溶液会变为紫红色，用 0.02mol/L EDTA 标准溶液滴定 Zn^{2+} 溶液由紫红色变为亮黄色为终点，记下终点读数 V，平行滴定 3 次，计算 EDTA 标准溶液的准确浓度。

(4) Bi^{3+}、Pb^{2+} 的连续测定 准确移取 25.00mL Bi^{3+}、Pb^{2+} 混合液于 250mL 锥形瓶中，加入 10mL 0.10mol/L HNO_3，加入 1~2 滴 0.2%二甲酚橙指示剂，用 EDTA 标准溶液滴定，溶液由紫红色变成亮黄色为滴定终点，记下读数 V_1（mL）。再加入 10mL 20%六亚甲基四胺溶液，溶液变为紫红色（注：若不为紫红色则需要继续加 20%六亚甲基四胺溶液，直至溶液呈现稳定的紫红色，此时溶液的 pH 为 5~6），再以 EDTA 标准溶液滴定至溶液由紫红色变成亮黄色为终点，记下读数 V_2（mL）。平行测定三次，计算 Bi^{3+}、Pb^{2+} 的浓度。

五、实验数据记录和计算

见表 3.10、表 3.11。

表 3.10　ZnSO₄·7H₂O 为基准物标定 EDTA 溶液

记录项目	Ⅰ	Ⅱ	Ⅲ
$c_{Zn^{2+}}/(mol/L)$			
$V_{EDTA始}/mL$			
$V_{EDTA终}/mL$			
V_{EDTA}/mL			
$c_{EDTA}/(mol/L)$			
$c_{EDTA}(平均)/(mol/L)$			
绝对偏差(d_i)			
相对平均偏差/%			

表 3.11　Bi³⁺、Pb²⁺ 的浓度的测定

记录项目	Ⅰ	Ⅱ	Ⅲ
$V_{EDTA始}/mL$			
$V_{EDTA终1}/mL$			
$V_{EDTA终2}/mL$			
V_1/mL			
V_2/mL			
$c_{Bi^{3+}}/(mol/L)$			
$c_{Pb^{2+}}/(mol/L)$			
$c_{Bi^{3+}}(平均)/(mol/L)$			
$c_{Pb^{2+}}(平均)/(mol/L)$			
绝对偏差(d_i)			
相对平均偏差/%			

六、思考题

① 能否取等量混合试液两份，一份控制 pH≈1.0 滴定 Bi^{3+}，另一份控制 pH 为 5～6 滴定 Bi^{3+}、Pb^{2+} 总量？为什么？

② 滴定 Pb^{2+} 时要调节溶液 pH 为 5～6，为什么加入六亚甲基四胺而不加入醋酸钠？

③ 在测定 Bi^{3+}、Pb^{2+} 的含量是，一般用纯金属锌或锌盐作基准物质标定 EDTA 溶液浓度比用高纯碳酸钙作基准物标定要合理，为什么？

【注释】

① Bi^{3+} 易水解，开始配制混合试液时，所含 HNO_3 浓度较高，使用前加水稀释至 0.15mol/L 左右。

实验八　高锰酸钾标准溶液的配制和标定

一、实验目的

① 了解高锰酸钾标准溶液的配制方法和保存条件。

② 掌握用 $Na_2C_2O_4$ 作基准物标定高锰酸钾溶液浓度的原理、方法及滴定条件。

二、实验原理

市售的高锰酸钾常含有少量的杂质，如硫酸盐、氯化物及硝酸盐等，因此不能用精确称量的高锰酸钾来直接配制准确浓度的溶液。$KMnO_4$ 氧化力强，还易和水中的有机物、空气中的尘埃及氨等还原性物质作用；$KMnO_4$ 能自行分解，其分解反应如下：

$$4KMnO_4 + 2H_2O == 4MnO_2 \downarrow + 4KOH + 3O_2 \uparrow$$

分解速度随溶液的 pH 值而改变。在中性溶液中，分解很慢，但 Mn^{2+} 和 MnO_2 能加速 $KMnO_4$ 的分解，见光则分解更快。由此可见，$KMnO_4$ 溶液的浓度容易改变，必须正确地配制和保存。正确配制和保存的 $KMnO_4$ 溶液应呈中性，不含 MnO_2，这样，浓度就比较稳定，放置数月后浓度大约只降低 0.5%。但是如果长期使用，仍应定期标定。

$KMnO_4$ 标准溶液常用还原剂草酸钠 $Na_2C_2O_4$ 作基准物来标定。$Na_2C_2O_4$ 不含结晶水，容易精制。用 $Na_2C_2O_4$ 标定 $KMnO_4$ 溶液的反应如下：

$$2MnO_4^- + 5H_2C_2O_4 + 6H^+ == 2Mn^{2+} + 10CO_2 \uparrow + 8H_2O$$

$$c_{MnO^-} = \frac{\frac{2}{5} \times \frac{m_{Na_2C_2O_4}}{M_{Na_2C_2O_4}}}{V_{MnO^-}} \times 10^3$$

滴定时可利用 MnO_4^- 本身的颜色指示滴定终点。

三、仪器和试剂

$KMnO_4$（固体），$Na_2C_2O_4$（A. R. 或基准物质），1mol/L H_2SO_4 溶液。

台秤，电子分析天平，酸式滴定管，锥形瓶，玻璃砂芯漏斗。

四、实验步骤

(1) 0.02mol/L $KMnO_4$ 溶液的配制　称取计算量（0.13～0.16g）的 $KMnO_4$，溶于适当量的水中，加热煮沸 20～30 min（随时加水以补充因蒸发而损失的水）。冷却后再暗处放置 7～10 d，然后用玻璃砂芯漏斗或玻璃纤维过滤除去 MnO_2 等杂质。滤液贮于洁净的玻璃棕色瓶中，放置暗处保存。如果溶液经煮沸并在水浴上保温 1 h，冷却后过滤，则不必长期放置，就可以标定其浓度。

(2) $KMnO_4$ 溶液浓度的标度　准确称取计算量的烘过的 $Na_2C_2O_4$ 基准物于 250mL 锥

形瓶中，加水约 10mL 使之溶解，再加 30mL 1mol/L H_2SO_4 溶液并加热至 75～85℃，立即用待标定的 $KMnO_4$ 溶液滴定（不能沿瓶壁滴入）至呈粉红色经 30s 不退色，即为终点。

重复测定 2 次。根据滴定所消耗的 $KMnO_4$ 溶液体积和基准物的质量，计算 $KMnO_4$ 溶液的浓度。

五、实验数据记录和计算

见表 3.12。

表 3.12　高锰酸钾溶液浓度的标定

记录项目	Ⅰ	Ⅱ	Ⅲ
$m_{Na_2C_2O_4}/g$			
$V_终/mL$			
$V_初/mL$			
V_{KMnO_4}/mL			
$c_{KMnO_4}/(mol/L)$			
$c_{KMnO_4}/(mol/L)$（平均）			
绝对偏差(d_i)			
相对平均偏差/%			

六、思考题

① 配制 $KMnO_4$ 标准溶液时为什么要把 $KMnO_4$ 水溶液煮沸一定时间（或放置数天）？配好的 $KMnO_4$ 溶液为什么要过滤后才能保存？过滤时是否能用滤纸？

② 配好的 $KMnO_4$ 溶液为什么要装在棕色瓶中（如果没有棕色瓶该怎么办？）放置暗处保存？

③ 用 $Na_2C_2O_4$ 标定 $KMnO_4$ 溶液浓度时，为什么必须在大量 H_2SO_4（可以用 HCl 或 HNO_3 溶液吗？）存在下进行？酸度过高或过低有无影响？为什么要加入至 75～85℃后才能滴定？溶液温度过高或过低有什么影响？

④ 用 $KMnO_4$ 溶液滴定 $Na_2C_2O_4$ 溶液时，$KMnO_4$ 溶液为什么一定要装在玻塞滴定管中？为什么第一滴 $KMnO_4$ 溶液加入后红色退去很慢，以后退去较快？

⑤ 装 $KMnO_4$ 溶液烧杯放置较久后，杯壁上常有棕色沉淀（是什么？）不容易洗净，应该怎样洗涤？

实验九　石灰石中钙的测定

一、实验目的

① 学习沉淀分离的基本知识和操作（沉淀、过滤及洗涤等）。

② 了解用高锰酸钾法测定石灰石中钙含量的原理和方法，尤其是结晶形草酸钙沉淀分

离的条件及洗涤 CaC_2O_4 沉淀的方法。

二、实验原理

石灰石的主要成分是 $CaCO_3$，较好的石灰石含 CaO 约 45%～53%，此外还含有 SiO_2、Fe_2O_3、Al_2O_3 及 MgO 等杂质。

测定钙的方法很多，快速的方法是络合滴定法，较准确的方法是本实验采用的高锰酸钾法。后一种方法是将 Ca^{2+} 沉淀为 CaC_2O_4，将沉淀滤出并洗净后，溶于稀 H_2SO_4 溶液，再用 $KMnO_4$ 标准溶液滴定与 Ca^{2+} 相当的 $C_2O_4^{2-}$，根据所用的 $KMnO_4$ 的体积和浓度计算试样中钙或氧化钙的含量。主要反应方程如下：

$$Ca^{2+} + C_2O_4^{2-} \longrightarrow CaC_2O_4 \downarrow$$

$$CaC_2O_4 + H_2SO_4 \longrightarrow CaSO_4 + H_2C_2O_4$$

$$5H_2C_2O_4 + 2MnO_4^- + 6H^+ =\!=\!= 2Mn^{2+} + 10CO_2 \uparrow + 8H_2O$$

$$w_{Ca} = \frac{(cV)_{KMnO_4} \times \frac{5}{2} \times M_{Ca} \times 10^{-3}}{C_{试} \times X} \times 100\% \quad M_{Ca} = 40.08 \quad X = \frac{25.00}{250.00}$$

此法用于含 Mg^{2+} 及碱金属的试样时，其他金属阳离子不应存在，这是由于它们与 $C_2O_4^{2-}$ 容易生成沉淀或共沉淀而形成正误差。

当 $[Na^+] > [Ca^{2+}]$ 时，$Na_2C_2O_4$ 共沉淀形成正误差。若 Mg^{2+} 存在，往往产生后沉淀。如果溶液中含 Ca^{2+} 和 Mg^{2+} 离子量相近，也产生共沉淀；如果过量的 $C_2O_4^{2-}$ 浓度足够大，则形成可溶性草酸镁络合物 $[Mg(C_2O_4)_2]^{2-}$；若在沉淀完毕后立即进行过滤，则此干扰可减小。当 $[Mg^{2+}] > [Ca^{2+}]$ 时，共沉淀影响很严重，需要进行再沉淀。

按照经典方法，需用碱性溶剂熔融分解试样，制成溶液，分离除去 SiO_2 和 Fe^{3+}、Al^{3+}，然后测定钙。但是其手续太烦。若试样中含酸不溶物较少，可以用酸溶样，Fe^{3+}、Al^{3+} 可用柠檬酸铵掩蔽，不必沉淀分离，这样就可简化分析步骤。

CaC_2O_4 是弱酸盐沉淀，其溶解度随溶液酸度增大而增加，在 pH≈4 时，CaC_2O_4 的溶解损失可以忽略。一般采用在酸性溶液中加入 $(NH_4)_2C_2O_4$，再滴加氨水逐渐中和溶液中的 H^+，使 $C_2O_4^{2-}$ 浓度缓慢增大，CaC_2O_4 沉淀缓慢形成，最后控制溶液 pH 值在 3.5～4.5。这样，既可使 CaC_2O_4 沉淀完全，又不致生成 $Ca(OH)_2$ 或 $(CaOH)_2C_2O_4$ 沉淀，能获得组成一定、颗粒组大而纯净的 CaC_2O_4 沉淀。

其他矿石中的钙，也可以用本法测定。

三、仪器和试剂

1+1 HCl 溶液，1mol/L H_2SO_4 溶液，0.1%甲基橙，1+1 氨水（滴瓶装），10%柠檬酸铵，0.25mol/L $(NH_4)_2C_2O_4$ 溶液，0.5% $(NH_4)_2C_2O_4$ 溶液，0.1mol/L $AgNO_3$ 溶液（滴瓶装），0.02mol/L $KMnO_4$ 标准溶液。

电子分析天平，玻璃砂芯漏斗（4 号，25～30mL），烧杯，锥形瓶，酸式滴定管，移液管。

四、实验步骤

准确称取石灰石试样 0.6～1g，置于 250mL 烧杯中，滴加少量水使试样湿润[①]，盖上表面皿，缓缓滴加 1+1 HCl 溶液 10mL，同时不断摇动烧杯。待停止发泡后，小心加热煮沸 2min，冷却后，仔细将全部物质转入 250mL 容量瓶中，加水至刻度，摇匀，静置应使其中酸不溶物沉降（也可称取 0.1~0.2g 试样，用 6mol/L HCl 溶液 7~8mL 溶解，得到的溶液不再加 HCl 溶液，直接按下述条件沉淀 CaC_2O_4）。

准确吸取 25.00mL（必要时将溶液用于滤纸过滤到干烧杯中后再吸取）1 份，放入 400mL 烧杯中，加入 5mL 10％柠檬酸铵[②]和 80mL 水，加入甲基橙 2~3 滴，加 6mol/L HCl 溶液，溶液显红色[③]，加入 20mL 0.25mol/L $(NH_4)_2C_2O_4$ 溶液。（若此时有沉淀生成，应在搅拌下滴加 6mol/L HCl 溶液至沉淀溶解，注意勿多加）加热至 70~80℃，在不断搅拌下以每秒 1~2 滴的速度滴加 1+1 氨水至溶液由红色变为橙黄色[④]（过量 1~2 滴），继续保温约 10min[⑤]并随时搅拌，放置冷却。

用中速滤纸（或玻璃砂芯漏斗）以倾泻法过滤。用冷的 0.5％$(NH_4)_2C_2O_4$ 溶液用倾泻法将沉淀洗涤[⑥]3~4 次，再用冷水洗涤至洗液不含 Cl^- 为止[⑦]。

将带有沉淀的滤纸贴在原贮沉淀的烧杯内壁（沉淀向杯内）。用 50mL 1mol/L H_2SO_4 溶液仔细将滤纸上沉淀洗入烧杯，用水稀释至 100mL，加热至 75~85℃，用 0.02mol/L $KMnO_4$ 标准溶液滴定至溶液呈粉红色。然后将滤纸浸入溶液中[⑧]，用玻璃棒搅拌，若溶液退色，再滴入 $KMnO_4$ 溶液，直至粉红色经 30s 不退色即达终点。

根据 $KMnO_4$ 用量和试样质量计算试样含钙（或 CaO）百分率。

五、实验数据记录和计算

见表 3.13。

表 3.13　石灰石中钙含量的测定

编　　号	Ⅰ	Ⅱ	Ⅲ
$m_{试样}$/g			
c_{KMnO_4}/(mol/L)			
$V_{KMnO_4初}$/mL			
$V_{KMnO_4终}$/mL			
V_{KMnO_4}/mL			
钙（或 CaO）％			
绝对偏差(d_i)			
相对平均偏差/％			

六、思考题

① 用 $(NH_4)_2C_2O_4$ 沉淀 Ca^{2+} 前，为什么要先加入柠檬酸铵？是否可用其他试剂？

② 沉淀 CaC_2O_4 时，为什么要先在酸性溶液中加入沉淀剂 $(NH_4)_2C_2O_4$，然后在 70~80℃时滴加氨水至甲基橙变橙黄色而使 CaC_2O_4 沉淀？中和时为什么选用甲基橙指示剂来指示酸度？

③ 洗涤 CaC_2O_4 沉淀时，为什么先要用稀 $(NH_4)_2C_2O_4$ 溶液作洗涤液，然后再用冷水洗？怎样判断 $C_2O_4^{2-}$ 离子洗净没有？怎样判断 Cl^- 洗净没有？

④ 如果将带有 CaC_2O_4 沉淀的滤纸一起用硫酸处理，再用 $KMnO_4$ 溶液滴定，会产生什么影响？

⑤ CaC_2O_4 沉淀生成后为什么要陈化？

⑥ $KMnO_4$ 法与络合滴定法测定钙的优缺点是什么？

⑦ 若试样含 Ba^{2+} 或 Sr^{2+}，它们对用 $(NH_4)_2C_2O_4$ 沉淀分离 CaC_2O_4 有无影响？若有影响，应如何消除？

【注释】

① 先用少量水润湿，以免加 HCl 溶液时产生 CO_2 将试样粉末冲出。

② 柠檬酸铵络合掩蔽 Fe^{3+} 和 Al^{3+}，以免生成胶体和共沉淀，其用量视铁和铝的含量多少而定。

③ 在酸性溶液中加入 $(NH_4)_2C_2O_4$，再调节 pH，但盐酸只能稍过量，否则用氨水调 pH 时，用量较大。

④ 调节 pH 至 3.5～4.5，使 CaC_2O_4 沉淀完全，使 MgC_2O_4 不沉淀。

⑤ 保温是为了使沉淀陈化。若沉淀完毕后，要放置过夜，则不必保温。但对 Mg 含量高的试样，不宜久放，以免后沉淀。

⑥ 先用沉淀剂稀溶液洗涤，利用同离子效应，降低沉淀的溶解度，以减小溶解损失，并且洗去大量杂质。

⑦ 再用水洗的目的是主要是洗去 $C_2O_4^{2-}$。洗至洗液中无 Cl^-，即表示沉淀中杂质已洗净。洗涤时应注意吹水洗去滤纸上部的离子，检查 Cl^- 的方法是滴加 $AgNO_3$ 溶液，如果洗液中加入 $AgNO_3$ 溶液，没有沉淀生成，表示 $C_2O_4^{2-}$ 和 Cl^- 都已洗净。如果加入 $AgNO_3$ 溶液，产生白色沉淀或者浑浊，则说明有 $C_2O_4^{2-}$ 或 Cl^-。注意洗涤次数和洗涤体积不可太多。

⑧ 在酸性溶液中滤纸消耗 $KMnO_4$，接触时间越长，消耗越多，因此只能在滴定至终点前才能将滤纸浸入溶液中。

实验十　碘和硫代硫酸钠标准溶液的配制和标定

一、实验目的

① 掌握 I_2 和 $Na_2S_2O_3$ 溶液的配制方法与保存条件。

② 了解标定 I_2 及 $Na_2S_2O_3$ 溶液浓度的原理和方法。

③ 掌握直接碘量法和间接碘量法的测定条件。

二、实验原理

碘量法用的标准溶液主要有硫代硫酸钠和碘标准溶液两种。用升华法可制得纯粹的 I_2，纯 I_2 可用作基准物，用纯 I_2 可按直接法配制标准溶液。如用普通的 I_2 配标准溶液，则应先配成近似浓度，然后再标定。

I_2 微溶于水而易溶于 KI 溶液，但在稀的 KI 溶液中溶解得很慢，所以配制 I_2 溶液时不能过早加水稀释，应先将 I_2 与 KI 混合，用少量水充分研磨，溶解完全后再稀释。I_2 与 KI

间存在如下平衡：

$$I_2 + I^- \Longrightarrow I_3^-$$

游离 I_2 容易挥发损失，这是影响碘溶液稳定性的原因之一。因此溶液中应维持适当过量的 I^-，以减少 I_2 的挥发。

空气能氧化 I^-，引起 I_2 浓度增加：

$$4I^- + O_2 + 4H^+ \Longrightarrow 2I_2 + 2\,H_2O$$

此氧化作用缓慢，但能在光、热及酸的作用下而加速，因此 I_2 溶液应贮于棕色瓶中置冷暗处保存。I_2 能缓慢腐蚀橡胶和其他有机物，所以 I_2 溶液应避免与这类物质接触。

标定 I_2 溶液浓度的最好方法是用三氧化二砷 As_2O_3（俗名砒霜，剧毒！）作基准物。As_2O_3 难溶于水，易溶于碱性溶液中生成亚砷酸盐：

$$As_2O_3 + 6OH^- \Longrightarrow 2AsO_3^{3-} + 3H_2O$$

亚砷酸盐与 I_2 的反应是可逆的：

$$2AsO_3^{3-} + I_2 + 2H_2O \Longrightarrow 2AsO_4^{3-} + 2I^- + 4H^+$$

随着滴定反应的进行，溶液酸度增加，反应将反方向进行，即 AsO_4^{3-} 将氧化 I^-，使滴定反应不能完成。但是又不能在强碱溶液中进行滴定，因此一般在酸性溶液中加入过量 $NaHCO_3$，使溶液的 pH 值保持在 8 左右，所以实际上滴定反应是：

$$I_2 + AsO_3^{3-} + 2HCO_3^- \Longrightarrow 2I^- + AsO_4^{3-} + 2CO_2 \uparrow + H_2O$$

I_2 溶液的浓度，也可用 $Na_2S_2O_3$ 标准溶液来标定。

硫代硫酸钠（$Na_2S_2O_3 \cdot 5H_2O$）一般都含有少量杂质，如 S、Na_2SO_3、Na_2SO_4、Na_2CO_3 及 NaCl 等，同时还容易风化和潮解，因此不能直接配制准确浓度的溶液。

$Na_2S_2O_3$ 溶液易受空气和微生物等的作用而分解。

（1）溶解的 CO_2 的作用　　$Na_2S_2O_3$ 在中性或碱性溶液中较稳定，当 pH＜4.6 时即不稳定。溶液中含有 CO_2 时，它会促进 $Na_2S_2O_3$ 分解。

$$Na_2S_2O_3 + H_2CO_3 \Longrightarrow NaHSO_3 + NaHCO_3 + S \downarrow$$

此分解作用一般发生在溶液配成后的最初十天内。分解后一分子 $Na_2S_2O_3$ 变成了一分子 $NaHSO_3$，一分子 $Na_2S_2O_3$ 只能和一个碘原子作用，而一分子 $NaHSO_3$ 却能和两个碘原子作用，因此从反应能力看溶液的浓度增加了。以后由于空气的氧化作用，浓度又慢慢减小。在 pH＝9～10 间硫代硫酸盐溶液最为稳定，所以要在 $Na_2S_2O_3$ 溶液中加入少量 Na_2CO_3。

（2）空气的氧化作用

$$2Na_2S_2O_3 + O_2 \longrightarrow 2Na_2SO_4 + 2S \downarrow$$

（3）微生物的作用　　这是使 $Na_2S_2O_3$ 分解的主要原因。为了避免微生物的分解作用，可加入少量 HgI_2（10mg/L）。

为了减少溶解在水中的 CO_2 和杀死水中微生物，应用新煮沸后冷却的蒸馏水配制溶液

并加入少量 Na_2CO_3 （浓度约为 0.02%），以防止 $Na_2S_2O_3$ 分解。

日光能促进 $Na_2S_2O_3$ 溶液分解，所以 $Na_2S_2O_3$ 溶液应贮于棕色瓶中，放置暗处，放置 8～14 d 再标定。长期使用的溶液应定期标定。若保存得好可每两月标定一次。

通常用 $K_2Cr_2O_7$ 作基准物标定 $Na_2S_2O_3$ 溶液的浓度。$K_2Cr_2O_7$ 先与 KI 反应析出 I_2。

$$Cr_2O_7^{2-} + 6I^- + 14H^+ = 2Cr^{2+} + 3I_2 + 7H_2O$$

析出的 I_2 再用标准 $Na_2S_2O_3$ 溶液滴定

$$I_2 + 2S_2O_3^{2-} = S_4O_6^{2-} + 2I^-$$

这个标定方法是间接碘法的应用。

三、仪器和试剂

$Na_2S_2O_3 \cdot 5H_2O$（固），Na_2CO_3（固），KI（固），As_2O_3（A.R. 或基准试剂），I_2（固），可溶性淀粉，$K_2Cr_2O_7$（A.R. 或基准试剂）。

10% KI 溶液，2mol/L HCl 溶液，1mol/L NaOH 溶液，4% $NaHCO_3$ 溶液，0.5mol/L H_2SO_4 溶液，1%酚酞溶液。

分析天平，台秤，量筒，烧杯，锥形瓶，容量瓶，移液管，酸式滴定管，棕色试剂瓶。

四、实验步骤

(1) 0.05mol/L I_2 溶液的配制 称取 13g I_2 和 40g KI 置于小研钵或小烧杯中，加水少许，研磨或搅拌至 I_2 全部溶解后，转移入棕色瓶中，加水稀释至 1L，塞紧，摇匀后放置过夜再标定。

(2) 0.1mol/L $Na_2S_2O_3$ 溶液的配制 称取 25g $Na_2S_2O_3 \cdot 5H_2O$ 于 500mL 烧杯中，加入 300mL 新煮沸已冷却的蒸馏水，待完全溶解后，加入 0.2g Na_2CO_3，然后用新煮沸已冷却的蒸馏水稀释至 1L，贮于棕色瓶中，在暗处放置 7～14 d 后标定。

(3) 0.05mol/L I_2 溶液浓度的标定

① 用 As_2O_3 标定 准确称取在 H_2SO_4 干燥器中干燥 24h 的 As_2O_3，置于 250mL 锥形瓶中，加入 1mol/L NaOH 溶液 10mL，待 As_2O_3 完全溶解后，加 1 滴酚酞指示剂，用 0.5mol/L H_2SO_4 溶液或 HCl 溶液中和至成微酸性，然后加入 25mL 4% $NaHCO_3$ 溶液和 1mL 1%淀粉溶液，再用 I_2 标准溶液滴定至出现蓝色，即为终点。根据 I_2 溶液的用量及 As_2O_3 的质量计算 I_2 标准溶液的浓度。

② 用 $Na_2S_2O_3$ 标准溶液标定 准确吸取 25mL I_2 标准溶液置于 250mL 碘量瓶中，加 50mL 水，用 0.1mol/L $Na_2S_2O_3$ 标准溶液滴定至呈浅黄色后，加入 1%淀粉溶液 1mL，用 $Na_2S_2O_3$ 溶液继续滴定至蓝色恰好消失，即为终点。根据 $Na_2S_2O_3$ 及 I_2 溶液的用量和 $Na_2S_2O_3$ 溶液的浓度，计算 I_2 标准溶液的浓度。

0.1mol/L $Na_2S_2O_3$ 溶液浓度的标定 准确称取已烘干的 $K_2Cr_2O_7$（A.R.，其质量相当于 20～30mL 0.1mol/L $Na_2S_2O_3$ 溶液）于 250mL 碘量瓶中，加入 10～20mL 水使之溶解。再加 20mL 10% KI 溶液（或 2g 固体 KI）和 6mol/L HCl 溶液 5mL，混匀后用表面皿盖好，放在暗处 5 min。用 50mL 水稀释，用 0.1mol/L $Na_2S_2O_3$ 溶液滴定到呈浅黄绿色。加入 1%淀粉溶液 1mL，继续滴定至蓝色变绿色，即为终点。根据 $K_2Cr_2O_7$ 的质量及消耗的 $Na_2S_2O_3$ 溶液体积，计算 $Na_2S_2O_3$ 溶液的浓度。

五、实验数据记录和计算

0.05mol/L I_2 溶液浓度的标定（表 3.14～表 3.16）。

表 3.14　As_2O_3 标定 I_2 溶液浓度

平行试验	1	2	3
$m_{As_2O_3}$/g			
V_{I_2}/mL			
c_{I_2}/(mol/L)			
c_{I_2}/(mol/L)（平均）			
相对平均偏差/%			

表 3.15　$Na_2S_2O_3$ 标准溶液标定 I_2 溶液浓度

平行试验	1	2	3
V_{I_2} 标准溶液的体积/mL		25.00	
$V_{Na_2S_2O_3}$/mL			
c_{I_2}/(mol/L)			
c_{I_2}/(mol/L)（平均）			
相对平均偏差/%			

表 3.16　0.1mol/L $Na_2S_2O_3$ 溶液浓度的标定

平行试验	1	2	3
$m_{K_2Cr_2O_7}$/g			
$V_{Na_2S_2O_3}$/mL			
$c_{Na_2S_2O_3}$/(mol/L)			
$c_{Na_2S_2O_3}$/(mol/L)（平均）			
绝对偏差（d_i）			
相对平均偏差/%			

六、思考题

① 如何配制和保存 I_2 和 $Na_2S_2O_3$ 标准溶液？

② 用 As_2O_3 作基准物标定 I_2 溶液时，为什么要先加酸至呈微酸性，还要加入 $NaHCO_3$ 溶液？As_2O_3 与 I_2 的化学计量关系是什么？

③ 用 $K_2Cr_2O_7$ 作基准物标定 $Na_2S_2O_3$ 溶液时，为什么要加入过量的 KI 和 HCl 溶液？为什么放置一段时间后才加水稀释？如果：加 KI 溶液而不加 HCl 溶液；加酸后不放置暗处；不放置或少放置一定时间即加水稀释，会产生什么影响？

④ 为什么用 I_2 溶液滴定 $Na_2S_2O_3$ 溶液时应预先加入淀粉指示剂？而用 $Na_2S_2O_3$ 滴定

I_2 溶液时必须在近终点之前才加入？

⑤ 马铃薯和稻米等都含淀粉，它们的溶液是否可用作指示剂？

实验十一 水中氯含量的测定

一、实验目的

① 掌握有关水中氯测定的相关实验操作。能使用沉淀滴定指示剂判定终点。控制沉淀滴定的条件。

② 掌握莫尔法测定卤素的方法和原理。

二、实验原理

莫尔法的理论依据是分步沉淀原理，该方法是在中性或弱碱性溶液中，以 K_2CrO_4 作指示剂，用 $AgNO_3$ 标准滴定溶液直接滴定 Cl^-，反应如下：

$$Ag^+ + Cl^- \Longrightarrow AgCl \downarrow (白色) \qquad K_{sp} = 1.8 \times 10^{-10}$$

$$2Ag^+ + CrO_4^{2-} \Longrightarrow Ag_2CrO_4 \downarrow (砖红色) \qquad K_{sp} = 2.0 \times 10^{-12}$$

由于 AgCl 的溶解度（约 1×10^{-5} mol/L）小于 Ag_2CrO_4 沉淀的溶解度（约 8×10^{-5} mol/L），根据分步沉淀的原理，首先析出 AgCl 沉淀，当 AgCl 定量沉淀后，稍过量的 Ag^+ 与 CrO_4^{2-} 反应生成砖红色 Ag_2CrO_4 沉淀，指示滴定终点。滴定时溶液的最适宜的 pH 范围为 $6.5 \sim 10.5$，如有铵盐存在，pH 应保持 $6.5 \sim 7.2$。

三、仪器和试剂

0.1mol/L 硝酸银标准溶液，5％铬酸钾指示剂：0.5 铬酸钾加入到 100mL 水中，NaCl。锥形瓶，移液管，棕色酸式滴定管，电子分析天平。

四、实验步骤

(1) 0.05mol/L NaCl 标准溶液的配制 准确称取 $0.25 \sim 0.30$g 基准级 NaCl 试剂于小烧杯中，用水溶解后，定量转移至 100mL 容量瓶中，稀释至刻度，摇匀。

(2) 0.05mol/L AgNO₃ 溶液的配制 称取 4.2g $AgNO_3$ 于小烧杯中，溶解后转入棕色试剂瓶中，稀释至 500mL，摇匀后，置于暗处备用。

(3) 0.05mol/L AgNO₃ 溶液标定 准确移取 25.00mL 0.05mol/L NaCl 标准溶液，置于 250mL 锥形瓶中，加入 20mL 水，1mL 5％ K_2CrO_4 溶液，在充分振荡后，用 $AgNO_3$ 溶液进行滴定，直至溶液呈砖红色即为滴定终点。平行滴定 3 份，记录 AgNO₃ 溶液的用量，计算 $AgNO_3$ 溶液的浓度。

(4) 水样中氯离子测定 用移液管移取水样 100mL 放入锥形瓶中，加铬酸钾 K_2CrO_4 指示剂溶液 2mL，用 $AgNO_3$ 标准滴定溶液滴定至砖红色，平行测定 3 次，同时做空白实验。

五、实验数据记录和计算

见表 3.17、表 3.18。

表 3.17　AgNO₃ 溶液浓度的标定

编　　号	Ⅰ	Ⅱ	Ⅲ
m_{NaCl}/g			
$c_{NaCl}/(mol/L)$			
$V_{Ag^+初}/mL$			
$V_{Ag^+终}/mL$			
V_{Ag^+}/mL		.	
$c_{Ag^+}/(mol/L)$			
$c_{Ag^+}（平均）/(mol/L)$			
绝对偏差			
相对平均偏差/%			

表 3.18　水样中氯含量的测定

编号	Ⅰ	Ⅱ	Ⅲ
$V_{水样}/mL$		100.00	
$c_{Ag^+}/(mol/L)$			
$V_{Ag^+初}/mL$			
$V_{Ag^+终}/mL$			
V_{Ag^+}/mL			
$c_{Cl^-}/mol/L$			
$c_{Cl^-}（平均）/(mol/L)$			
绝对偏差			
相对平均偏差/%			

六、思考题

① 水中氯含量会随时间变化吗？如何测定一定时间的水中氯含量？

② 水中氯离子测定方法有哪些？

③ 水样如为酸性或碱性，对测定有无影响？应如何处理？

④ 请你查找资料，找出氯离子在水中含量对人类生活和生产的影响？

⑤ 做空白试验的目的是什么？

【注释】

① AgCl 沉淀显著地吸附 Cl^-，导致 Ag_2CrO_4 沉淀过早出现，为此，滴定时必须充分摇动锥形瓶。

② 莫尔法直接滴定主要用于测定 Cl^-、Br^-。莫尔法不适用于测 I^- 和 SCN^-，因为 AgI 和 $AgSCN$ 强烈吸附 I^- 或 SCN^-，使终点过早出现而且变色不明显。返滴定法可以测定 Ag^+，即先加过量而定量的 $NaCl$ 标准溶液，再用 $AgNO_3$ 标准滴定溶液回滴过量 Cl^-。

③ 由于 CrO_4^{2-} 在溶液中存在下述平衡：

在强酸中 CrO_4^{2-} 浓度降低，造成 Ag_2CrO_4 沉淀出现过迟，甚至不生成沉淀。

$$2H^+ + 2CrO_4^{2-} \rightleftharpoons 2HCrO_4^- \rightleftharpoons Cr_2O_7^{2-} + H_2O$$

在强碱溶液中，能有褐色 Ag_2O 沉淀析出，影响准确度。

$$2Ag^+ + 2OH^- = Ag_2O + H_2O$$

在氨性溶液中，则发生下列反应：

$$Ag^+ + 2NH_3 = Ag(NH_3)_2^+$$

所以当被测定的 Cl^- 试液的酸性太强，应用 $NaHCO_3$ 中和，若碱性太强，应用稀 HNO_3 中和，调至适宜的 pH 后，再进行滴定。

实验十二　邻二氮菲吸光光度法测定铁

（条件实验、络合比及铁含量的测定）

一、实验目的

① 了解分光光度法测定物质含量的一般条件。

② 掌握邻二氮菲分光光度法测定铁的方法及条件的选择。

③ 了解 721 型分光光度计的构造和使用方法。

二、实验原理

微量铁的测定有邻二氮菲法、硫代甘醇酸法、磺基水杨酸法、硫氰酸盐法等。我国目前大都采用邻二氮菲法。此法准确度高，重现性好，络合物（现常用"配合物"的名称）十分稳定。Fe^{2+} 和邻二氮菲反应生成橘红色络合物。

该络合物 $\lg\beta_2 = 21.3(20℃)$，$\varepsilon_{508} = 1.1 \times 10^4 L \cdot mol^{-1} \cdot cm^{-1}$。邻二氮菲与 Fe^{3+} 也生成 3:1 的淡蓝色络合物，其 $\lg\beta_3 = 14.1$，在显色前应用盐酸羟胺将 Fe^{3+} 全部还原为 Fe^{2+}。

$$2Fe^{3+} + 2NH_2OH \cdot HCl = 2Fe^{2+} + N_2\uparrow + 2H_2O + 2Cl^- + 4H^+$$

Fe^{2+} 与邻二氮菲在 pH 为 2~9 范围内都能显色，且其色泽与 pH 无关，但为了尽量减少其他离子的影响，通常在微酸性（pH≈5）溶液中显色。

在 Fe^{2+} 与邻二氮菲溶液中可以加入溴酚蓝等组成三元络合物，经萃取后可进一步提高测定的灵敏度。近年来还介绍用 5-Br-PADTP 光度法测定微量铁。

本法的选择性很高，相当于含铁量 40 倍的 Sn^{2+}、Al^{3+}、Ca^{2+}、Mg^{2+}、Zn^{2+}、SiO_3^{2-}，20 倍的 Cr^{3+}、Mn^{2+}、$V(V)$、PO_4^{3-}，5 倍的 Co^{2+}、Cu^{2+} 等均不干扰测定。

光度法测定通常要研究吸收曲线、标准曲线、显色剂的浓度、有色溶液的稳定性、溶液的酸度、显色物质（通常是络合物）的组成等。此外，还要研究干扰物质的影响，反应温度，测定范围，方法的适用范围等。本实验只做几个基本的条件试验，从中学习吸光光度法测定条件的选择。

三、试剂及仪器

$100\mu g/mL$ 标准铁溶液：准确称取 0.8634g $(NH_4)_2Fe(SO_4)_2 \cdot 12H_2O$，置于烧杯中，加入 20mL 6mol/L HCl 和少量水，溶解后，转移至 1L 容量瓶中，以水稀释至刻度，摇匀。

1.5g/L 邻二氮菲水溶液，10％盐酸羟胺水溶液（新鲜配制），1mol/L 醋酸钠溶液，0.1mol/L NaOH 溶液。

50mL 容量瓶 8 个，72 型（或 721 型）分光光度计，不同量程的吸量管。

四、实验内容

(1) 实验条件的确定

① 吸收曲线的绘制　用吸量管吸取 0.0mL、0.6mL 浓度为 $100\mu g/mL$ 铁标准储备液，分别注入 2 个 50mL 容量瓶中，各加入 1mL 10％盐酸羟胺溶液，摇匀，静置 2min。再加入 2mL 1.5g/L 邻二氮菲，5mL 1mol/L NaAc，用水稀释至刻度，摇匀。放置 10min 后，用 1cm 比色皿，以试剂空白（即 0.0mL 铁标准溶液）为参比溶液，在 460～540nm 之间，每隔 5nm 测一次吸光度 A。以波长 λ 为横坐标，吸光度 A 为纵坐标，绘制吸收曲线，确定测量铁的适宜波长（最大吸收波长）。

② 显色剂用量的确定　取 7 个 50mL 容量瓶，各加入 0.6mL $100\mu g/mL$ 铁标准溶液，1mL 10％盐酸羟胺，摇匀，静置 2min。再分别加入 0.2mL、0.4mL、0.6mL、0.8mL、1.0mL、2.0mL、4.0mL 1.5g/L 邻二氮菲溶液和 5mL 1mol/L NaAc 溶液，以水稀释至刻度，摇匀，放置 10min。用 1cm 比色皿，以试剂空白为参比溶液，在选择的波长下测定各溶液的吸光度。

以所取邻二氮菲溶液的体积 V 为横坐标、吸光度 A 为纵坐标，绘制 A-V 曲线，确定显色剂的最适宜用量。

③ 溶液酸度的选择　取 7 个 50mL 容量瓶，分别加入 0.6mL $100\mu g/mL$ 铁标准溶液，1mL 10％盐酸羟胺，摇匀，静置 2min。再各加入 2mL 1.5g/L 邻二氮菲溶液，摇匀。然后用滴定管分别加入 0.0mL、2.0mL、5.0mL、10.0mL、20.0mL、30.0mL、0.10mol/L 的 NaOH 溶液，用水稀释至刻度，摇匀，放置 10min。用 1cm 比色皿，以试剂空白为参比溶液，在选择的波长下测定各溶液的吸光度。

同时，用 pH 计测量各溶液的 pH。以 pH 为横坐标、吸光度 A 为纵坐标，绘制 A-pH 曲线，确定适宜酸度范围。

④ 显色时间及配合物的稳定性　在一个 50mL 容量瓶（或比色管）中，加入 0.6mL $100\mu g/mL$ 铁标准溶液，1mL 10％盐酸羟胺，摇匀，静置 2min。再加入 2mL 1.5g/L 邻二

氮菲溶液，5mL 1mol/L NaAc，以水稀释至刻度，摇匀。用1cm比色皿，以试剂空白为参比溶液，在选择的波长下测量吸光度。依次测量放置5min、10min、30min、60min、120min、180min后溶液的吸光度。

以时间t为横坐标、吸光度A为纵坐标，绘制A与t曲线，对配合物的稳定性和显色反应完全进行判断。

（2）铁含量的测定

① 标准曲线的绘制　在6个50mL容量瓶中，用吸量管分别加入0.0mL、0.20mL、0.40mL、0.60mL、0.80mL、1.0mL 100μg/mL铁标准溶液，分别加入1mL 10%盐酸羟胺，摇匀后静置2min。再分别加入2mL 1.5g/L邻二氮菲溶液，5mL 1mol/L NaAc溶液，每加一种试剂后摇匀。然后，用水稀释至刻度，摇匀后放置10min。用1cm比色皿，以试剂空白为参比（即0.0mL铁标准溶液），在所选择的波长下，测量各溶液的吸光度。以铁的浓度为横坐标、吸光度A为纵坐标，绘制标准曲线。

② 试液含铁量的测定　准确吸取适量试液于50mL容量瓶中，按标准曲线的制作步骤，加入各种试剂，测量吸光度。从标准曲线上查出和计算试液中铁的含量（单位为μg/mL）。

五、实验数据记录和计算

见表3.19、表3.20。

表3.19　吸收曲线的制作

波长/nm	460	465	470	475	480	485	490	495	500
A									

波长/nm	505	510	515	520	525	530	535	540
A								

表3.20　标准曲线及样品测定数据

铁浓度/(μg/mL)	0.4	0.8	1.2	1.6	2.0	试样
A						

六、思考题

① 用邻二氮菲法测定铁时，为什么在测定前需要加入盐酸羟胺？

② 参比溶液的作用是什么？本实验中可否用蒸馏水作参比？

③ 怎样用吸光光度法测定水样中的全铁（总铁）和亚铁的含量？试拟出一简单步骤。

实验十三　氯化钡中钡的测定

一、实验目的

① 了解晶形沉淀条件和沉淀方法。

② 练习沉淀的过滤、洗涤和灼烧的操作技术。

③ 测定氯化钡中钡的含量，并用换算因数计算测定结果。

二、实验原理

Ba^{2+} 能生成一系列的微溶化合物，如 $BaCO_3$、$BaCrO_4$、BaC_2O_4、$BaHPO_4$、$BaSO_4$ 等，其中以 $BaSO_4$ 的溶解度最小（25℃时 0.25mg/100mLH$_2$O），$BaSO_4$ 性质非常稳定，组成与化学式相符合，因此常以 $BaSO_4$ 重量法测 Ba。虽然 $BaSO_4$ 的溶解度较小，但还不能满足重量法对沉淀溶解度的要求，必须加入过量的沉淀剂以降低 $BaSO_4$ 的溶解度。H_2SO_4 在灼烧时能挥发，是沉淀 Ba^{2+} 的理想沉淀剂，使用时可过量 50%～100%，$BaSO_4$ 沉淀初生成时，一般形成细小的晶体，过滤时易穿过滤纸，为了得到纯净而颗粒较大的晶体沉淀，应当在热的酸性稀 HCl 溶液中，在不断搅拌下逐滴加入热的稀 H_2SO_4。将所得的 $BaSO_4$ 沉淀（$m_{试样}$）经过陈化、过滤、洗涤、灼烧，最后称量，即可求得试样中 Ba^{2+} 的含量。

$$w_{Ba}=\frac{m_{沉淀(BaSO_4)}\times M_{Ba}}{m_{试样(BaCl_2\cdot 2H_2O)}\times M_{BaSO_4}}\times 100\%$$

三、仪器和试剂

$BaCl_2\cdot 2H_2O$ 试样　2mol/L H_2SO_4，2mol/L HCl，1mol/L $AgNO_3$。

分析天平，马弗炉，烧杯，漏斗，定量滤纸，坩埚，电炉，坩埚钳。

四、试验步骤

（1）准确称取 $BaCl_2\cdot 2H_2O$ 试样 0.4～0.5g 两份，分别置于 250mL 烧杯中，各加水 100mL，搅拌使其溶解，加入 2mol/L HCl 4mL，加热近沸（勿使溶液沸腾，以免溅失）。

（2）取 2mol/L H_2SO_4 4mL 两份，分别置于两个小烧杯中，加水 30mL，加热近沸，在不断搅拌下趁热用滴管逐滴加入到热试样溶液中，并不断搅拌，待沉淀完毕，$BaSO_4$ 沉降后，于上层清液中滴加 1～2 滴稀 H_2SO_4，仔细观察，若无白色沉淀，表示已沉淀完全。盖上表面皿，陈化 12h；也可将沉淀于水浴上加热 0.5h，放置冷却后过滤。

（3）取慢速定量滤纸两张，按漏斗角度的大小折好滤纸，使其与漏斗很好的贴合，以蒸馏水润湿，并使漏斗颈内留有水柱；将漏斗放置于漏斗架上，漏斗下面各放一只清洁的烧杯。小心地把沉淀上面清液沿玻璃倾入漏斗中，再用倾泻法洗涤沉淀 3～4 次，每次用 20～30mL 洗涤液（3mL 2mol/L H_2SO_4，以 200mL 蒸馏水稀释即成）。最后小心地定量地将沉淀转移到滤纸上，以洗涤液洗涤沉淀至无 Cl^-（用 $AgNO_3$ 检查）。

（4）取一洁净带盖的坩埚在 800～850℃灼烧至恒重，记下坩埚的重量。将滤纸和沉淀取出包好，置于已恒重的坩埚中，炭化后放入马弗炉中，于 800～850℃灼烧 1h，取出置于干燥器内冷却、称量；第二次灼烧 10～15min，冷却，准确称量，重复灼烧，称量直至恒重。

根据沉淀和试样的重量，计算样品中 Ba^{2+} 的含量。

五、实验数据记录和计算

见表 3.21。

表 3.21　$BaCl_2\cdot 2H_2O$ 中 Ba 的含量

灼烧恒重次数	1	2	3
$m_{空坩埚}$			
$m_{坩埚}+m_{试样}$			
$m_{试样}$			

续表

灼烧恒重次数	1	2	3
Ba/%			
Ba(平均)/%			
绝对偏差			
相对平均偏差/%			

六、思考题

① 沉淀 $BaSO_4$ 时为什么要在稀溶液中进行？不断搅拌的目的是什么？

② 为什么沉淀 $BaSO_4$ 时要在热溶液中进行，而在冷却后进行过滤？

③ 测定 SO_4^{2-} 时，加入沉淀剂 $BaCl_2$ 溶液为什么不能过量太多？

第4章 综合实验

实验十四 铵盐中氮含量的测定

一、实验目的

① 了解弱酸强化的基本原理，掌握甲醛法测定铵盐中氮含量的试验方法。

② 掌握大样的取用原则。

③ 熟练掌握容量瓶、移液管和滴定管的使用方法。

④ 学习除去试剂中的甲酸和试样中的游离酸的方法。

⑤ 练习碱式滴定管的使用。

二、实验原理

氮在无机化合物和有机化合物中的存在形式比较复杂，其含量通常以总氮、铵态氮、硝酸态氮、酰胺态氮等形式表示。氮含量的测定方法主要有两种。

① 蒸馏法 又称为凯式定氮法，适用于无机物、有机物中氮含量的测定，准确度高。

② 甲醛法 适用于铵盐中铵态氮的测定，方法简便，应用广泛。

铵盐 NH_4Cl 和 $(NH_4)_2SO_4$ 是常用的无机化肥，是强酸弱碱盐，由于 NH_4^+ 的酸性太弱 $(K_a = 5.6 \times 10^{-10})$，不能用 NaOH 标准溶液直接滴定。但可将铵盐与甲醛作用，定量生成六亚甲基铵盐和 H^+，反应式如下：

$$4NH_4^+ + 6HCHO \rule[0.5ex]{2em}{0.4pt} (CH_2)_6N_4H^+ + 3H^+ + 6H_2O$$

生成的 H^+ 和 $(CH_2)_6N_4H^+$ $(K_a = 7.1 \times 10^{-6})$ 用 NaOH 标准溶液直接滴定，滴定终点产物 $(CH_2)_6N_4$ 为弱碱，化学计量点时，溶液的约为 8.7，可用酚酞作指示剂，滴定至溶液呈现微红色时，即为终点。

由上述反应式可见，$1mol$ NH_4^+ 相当于 $1mol$ H^+，因此，氮与 NaOH 的化学计量比为 1:1，由滴定所消耗的 NaOH 标准溶液的浓度与体积可计算出样品中的氮含量。

铵盐与甲醛的反应在室温下进行较慢，加甲醛后，常需要放置几分钟，使反应完全。

甲醛常含有少量甲酸，使用前必先以酚酞作指示剂，用 NaOH 溶液中和，否则会使测定结果偏高。

如试样中含有游离酸，加甲醛之前应先以甲基红为指示剂，用 NaOH 标准溶液中和至甲基红变为黄色（pH≈6），再加入甲醛进行滴定，以免影响测定结果。

三、仪器和试剂

NaOH 标准溶液（0.1mol/L 或 A. R. 固体），酚酞指示剂（2g/L），乙醇溶液、甲基红指示剂（2g/L），60%乙醇溶液或其钠盐的水溶液，甲醛溶液（18%，即 1:1），邻苯二甲酸氢钾 $KHC_8H_4O_4$（基准试剂），氮肥试样。

台秤，电子分析天平，碱式滴定管，移液管，容量瓶，锥形瓶，烧杯，试剂瓶。

四、实验步骤

(1) 0.1mol/L NaOH 标准溶液的配制及标定

① 参见实验二

② 用减量法称量 0.4～0.5g 已烘干的邻苯二甲酸氢钾基准物质至洁净的锥形瓶中，加入 25mL 蒸馏水溶解，同时加 1 滴 0.2％酚酞指示剂，用欲标定的 NaOH 溶液滴定至粉红色且半分钟之内不退色即为终点，记录滴定时消耗的 NaOH 体积，平行测定 3 次，要求 3 次测定结果相对平均偏差≤±0.2％，否则重做。

(2) 氮肥中氮含量的测定

① 甲醛溶液的处理　甲醛中常含有少量甲酸（甲醛被空气氧化所致），使用前必须使之中和，否则会使结果偏高。处理方法：取原瓶装甲醛上层清液于烧杯中，用水稀释一倍，加入 2 滴 0.2％酚酞指示剂，用 0.1mol/L NaOH 溶液滴定至甲醛溶液呈现微红色。

② 试样中含氮量的测定　用差减法准确称取 $(NH_4)_2SO_4$ 试样 1.5～2.0g 于小烧杯中，加入少量蒸馏水溶解，然后把溶液定量转移至 250mL 容量瓶中，用蒸馏水稀释至刻度，充分摇匀。

用 25.00mL 移液管移取上层清液于 250mL 锥形瓶中，加入一滴甲基红指示剂，用 0.1mol/L NaOH 溶液中和至溶液呈黄色以除去试样中的游离酸，此消耗的 NaOH 溶液体积不计［若待测试样为 $(NH_4)_2SO_4$ 试剂，则可略去此步骤］。加入 10mL 已中和的 1∶1 甲醛溶液，再加入 1～2 滴酚酞指示剂，充分摇匀，静置 1min，用 0.1mol/L NaOH 标准溶液滴定至溶液呈微橙红色［若是 $(NH_4)_2SO_4$ 试剂样品，不必加甲基红指示剂，则溶液为微红色］并持续 30s 不退色，即为终点。记录读数。根据 NaOH 标准溶液的浓度和滴定消耗的体积，计算试样中的氮含量（以 N％表示）和相对平均偏差。

五、实验数据记录与处理

(1) $KHC_8H_4O_4$ 标定 NaOH 溶液（表 4.1）

表 4.1　NaOH 溶液浓度的测定

平行试验	1	2	3
称取 $KHC_8H_4O_4$ 的质量/g			
V_{NaOH}/mL			
c_{NaOH}/(mol/L)			
c_{NaOH}/(mol/L)（平均）			
相对平均偏差/％			

(2) 铵盐的测定（见表 4.2）

表 4.2　铵盐的中氮含量的测定

平行试验	1	2	3
$m_{(NH_4)_2SO_4}$/g			
V_{NaOH}/mL			
N/％			
N/％（平均）			
相对平均偏差/％			

六、思考题

① NH_4^+ 为 NH_3 的共轭酸，为什么不能直接用 NaOH 溶液滴定？

② NH_4NO_3 或 NH_4HCO_3 中的氮含量能否用甲醛法测定？

③ 为什么中和甲醛中的游离酸使用酚酞指示剂，而中和铵盐试样中的游离酸却使用甲基红指示剂？

④ 尿素 $CO(NH_2)_2$ 中氮含量的测定是先加 H_2SO_4 加热消化，全部转化为 $(NH_4)_2SO_4$ 后，按甲醛法同样测定，试写出氮含量的计算式。

⑤ 计算称取试样量的原则是什么？自行计算本实验中所需的试样量。

⑥ 如果 NaOH 溶液吸收了空气中的 CO_2，对本实验结果有什么影响？为什么？

⑦ 滴定相同的两份试液时，若第一份用去标准溶液 20.00mL，在滴定第二份试液时，是继续使用余下的溶液滴定，还是添加标准溶液至滴定管的刻度“0.00”附近，然后再滴定？为什么？

⑧ 从滴定管中流出半滴溶液的操作要领是什么？

【注释】

① 甲醛有毒，特别对眼睛有很大的刺激作用，所以通常由实验指导教师预先统一中和，学生在实验时直接取用。在实验过程中，尽量避免甲醛挥发到空气中，即随时将盛装甲醛的试剂瓶盖上，滴定后的溶液立即倒入废水池，并将锥形瓶冲洗干净。另外，甲醛常以白色聚合状态存在，称为多聚甲醛，是链状聚合体的混合物。甲醛溶液中含有少量多聚甲醛不影响滴定结果。

② 中和试样中的游离酸时，需要加入甲基红指示剂，该指示剂会试酚酞指示剂的终点变色不敏锐，稍有拖尾现象，如试样中含游离酸甚微，则不必预先中和。

③ 准确称量、准确定容、准确读数和终点的准确判断是滴定法定量测定的关键，试验中要做到规范操作，耐心观察，准确记录。

④ 标定 NaOH 溶液时，以酚酞为指示剂，终点为淡红色，30s 不退色。如果经较长时间，淡红色慢慢退去，那是溶液吸收了空气中的 CO_2 生成 H_2CO_3 所致。

⑤ 用标准溶液润洗滴定管时，是将试剂瓶中的溶液直接倒入滴定管，不要将标准溶液转入小烧杯中再倒进滴定管中，这样操作较方便，但会造成标准溶液浓度的改变，除非小烧杯是干净而且是干燥的。

实验十五　化学耗氧量（COD）的测定

一、实验目的

① 掌握化学耗氧量 COD 的测定方法。

② 了解环境保护过程中，COD 测定的意义。

二、方法原理

一般常用于测定清洁水中耗氧量的高锰酸钾法比较简便、快速。但用这个方法测定污水或工业废水时不够满意，因为这些水中含有许多复杂的有机物质，用高锰酸钾很难氧化，不易控制操作条件。因此用于测定污染严重的水时高锰酸钾法不如重铬酸钾法好。重铬酸钾能将大部分有机物质氧化，适合用于污水和工业废水分析。

一定量的重铬酸钾在强酸性溶液中将还原性物质（有机的和无机的）氧化，过量的重铬酸钾以试亚铁灵作指示剂，用硫酸亚铁铵回滴；由消耗的重铬酸钾量即可计算出水样中有物质被氧化所消耗的氧的 mg/L 数。

本法可将大部分的有机物质氧化，但直链烃、芳香烃、苯等化合物仍不能氧化；若加硫酸银作催化剂时，直链化合物可被氧化，但对芳香烃类无效。

氯化物在此条件下也能被重铬酸钾氧化生成氯气，消耗一定量重铬酸钾，因而干扰测定。所以水样中氯化物高于 30mg/L 时，须加硫酸汞消除干扰。

$$耗氧量(mg/L) = \frac{(V_0 - V_1) \times c(mol/L) \times M(O_2) \times 1000}{4 \times V_2}$$

式中　c——硫酸亚铁铵标准溶液的浓度，mol/L；

　　　V_0——空白消耗硫酸亚铁铵标准溶液的体积，mL；

　　　V_1——水样消耗硫酸亚铁铵标准溶液的体积，mL；

　　　V_2——水样体积，mL。

三、仪器和试剂

(1) 重铬酸钾标准溶液：0.04mol/L　准确称取 150～180℃烘干 2h 的重铬酸钾 5.9～6.1g，置于 250mL 烧杯中，加 100mL 水搅拌至完全溶解，然后定量转移至 500mL 容量瓶中，用水稀释至刻度，摇匀。

(2) 试亚铁灵指示剂　称取 1.485g 化学纯邻菲啰啉（$C_{12}H_8N_2 \cdot H_2O$）与 0.695g 化学纯的硫酸亚铁溶于蒸馏水，稀释至 100mL。

(3) 硫酸亚铁铵标准溶液：0.25mol/L　称取 98g 分析纯硫酸亚铁铵，溶于蒸馏水中，加 20mL 浓硫酸，冷却后，稀释 1000mL，使用时每日用重铬酸钾标定。

浓硫酸，硫酸银，硫酸汞。

滴定管，移液管：50mL、25mL 各一支，锥形瓶：500mL 3 个，烧杯：250mL 5 个，量筒：100mL、25mL、10mL 各 1 个，试剂瓶：500mL 塑料瓶 1 个，容量瓶：1000mL，500mL 各 1 个，磨口三角（或圆底）烧瓶回流冷凝管：250mL。

四、实验步骤

(1) 硫酸亚铁铵溶液的标定方法　移取 25.00mL 重铬酸钾标准溶液，稀释至 250mL，加 20mL 浓硫酸，冷却后加 2～3 滴试亚铁灵指示剂，用硫酸亚铁铵溶液滴定至溶液由绿蓝色刚好变成红蓝色为终点，平行标定 3 份，计算硫酸亚铁铵溶液的溶度。

(2) COD 测定

① 移取 50.00mL 水样（或适量水样稀释至 50mL）于 250mL 磨口三角（或圆底）烧杯中，加入 25.00mL 重铬酸钾标准溶液，慢慢地加入 75mL 浓硫酸，随加随摇动，若用硫酸银作催化剂，此时需加 1g 硫酸银。再加数粒玻璃珠，加热回流 2h。比较清洁的水样加热回流的时间可以短一些。

② 若水样含较多氯化物，则取 50.00mL 水样，加硫酸汞 1g、浓硫酸 5mL，待硫酸汞溶解后，再加重铬酸钾溶液 25.00mL、浓硫酸 70mL、硫酸银 1g，加热回流。

③ 冷却后先用约 25mL 蒸馏水沿冷凝管冲洗，然后取下烧瓶将溶液移入 500mL 锥形瓶中，冲洗烧瓶 4～5 次，再用蒸馏水稀释溶液至约 350mL，溶液体积不得大于 350mL。否则，酸度太低，终点不明显。

④ 冷却后加入 2～3 滴试亚铁灵指示剂，用硫酸亚铁铵标准溶液滴定至溶液由黄色到绿蓝色变成红蓝色。记录消耗硫酸亚铁铵标准溶液的体积（V_1）。

⑤ 同时要做空白实验，即以 50.00mL 蒸馏水代替水样，其他步骤同样品同时操作，记录消耗硫酸亚铁铵标准溶液的体积（V_0）。

五、实验数据记录和计算

见表 4.3、表 4.4。

表 4.3　$(NH_4)_2Fe(SO_4)_2$ 溶液浓度的测定

平行试验	1	2	3
$m_{K_2Cr_2O_7}/g$			
$c_{K_2Cr_2O_7}/(mol/L)$			
$V_{(NH_4)_2Fe(SO_4)_2}/mL$（初）			
$V_{(NH_4)_2Fe(SO_4)_2}/mL$（终）			
$V_{(NH_4)_2Fe(SO_4)_2}/mL$			
$c_{(NH_4)_2Fe(SO_4)_2}/(mol/L)$			
$c_{(NH_4)_2Fe(SO_4)_2}/(mol/L)$（平均）			
绝对偏差（d_i）			
相对平均偏差/%			

表 4.4　水样耗氧量的测定

平行试验	1	2	3
水样体积/mL			
$V_{(NH_4)_2Fe(SO_4)_2}/mL$（初）			
$V_{(NH_4)_2Fe(SO_4)_2}/mL$（终）			
$V_1(NH_4)_2Fe(SO_4)_2/mL$			
空白水样体积/mL			
$V_{(NH_4)_2Fe(SO_4)_2}/mL$（初）			
$V_{(NH_4)_2Fe(SO_4)_2}/mL$（终）			
$V_0(NH_4)_2Fe(SO_4)_2/mL$			
耗氧量/(mg/L)			
耗氧量/(mg/L)（平均）			
绝对偏差（d_i）			
相对平均偏差/%			

六、思考题

① 测定水样的耗氧量时，是否一定要加入硫酸银？加入硫酸银的作用是什么？

② 什么样的情况下，才加入硫酸汞？

【注释】

① 取水样时，要注意所取水所在的位置和深度等，以确保水样有代表性。

② 滴加浓硫酸时，要注意慢慢滴加，并充分摇动溶液。

③ 滴定后，废液（沉淀物）要专门处理，不要倒入水池。

④ 水样体积可在 $10.00\sim50.00\text{mL}$ 范围之间，但试剂用量及浓度需按表 4.5 进行相应调整，也可得到满意的结果。

表 4.5 水样取样量和试剂用量表

试剂用量	0.2500mol/L $K_2Cr_2O_7$ 溶液/mL	H_2SO_4-Ag_2SO_4 溶液/mL	H_2SO_4/g	$(NH_4)_2Fe(SO_4)_2$ /(mol/L)	滴定前总体积/mL
10.0	5.0	15	0.2	0.050	70
20.0	10.0	30	0.4	0.100	140
30.0	15.0	45	0.6	0.150	210
40.0	20.0	60	0.8	0.200	280
50.0	25.0	75	1.0	0.250	350

⑤ 水样的采集方法

a. 采集表层水 用桶、瓶等容器直接采集。一般将容器沉至水下 $0.3\sim0.5\text{m}$ 处采集。

b. 采集深层水 将带有重锤的具塞采样器沉入水中，达到所需深度后（从拉伸的绳子的标度上看出），拉伸瓶口塞子上连接的细绳，打开瓶塞，待水样充满后提出来。

c. 采集自来水或带抽水设备的地下水（井水） 先排放 $2\sim3\text{min}$，让积存的杂质流出，然后用瓶、桶等采集。

实验十六 铁矿石中铁含量的测定

一、实验目的

① 掌握重铬酸钾法测定铁矿石中铁含量的基本原理及实验步骤和条件。

② 掌握无汞法测定铁的方法原理。

③ 掌握氧化还原指示剂的变色原理。

二、实验原理

铁矿石的种类很多，具有炼铁价值的主要有磁铁矿（Fe_3O_4）、赤铁矿（Fe_2O_3）和菱铁矿（$FeCO_3$）等。

铁矿石试样用 HCl 溶解后，在强酸性条件下，用氯化亚锡（$SnCl_2$）将 Fe^{3+} 还原为 Fe^{2+}，以甲基橙做指示剂，当 Sn^{2+} 将 Fe^{3+} 还原完全后，可将甲基橙还原而退色，以指示

Fe^{3+} 的还原终点，同时，稍过量的 Sn^{2+} 也被消除。由于甲基橙的还原产物不能被 $K_2Cr_2O_7$ 氧化，故不影响测定结果。

在 Fe^{3+} 还原的过程中，HCl 浓度以 4mol/L 左右为好，大于 6mol/L 时，Sn^{2+} 将先还原甲基橙，无法指示 Fe^{3+} 的还原终点；而当 HCl 浓度低于 2mol/L 时，甲基橙退色缓慢。还原结束后，在硫酸、磷酸混酸介质中，以二苯胺磺酸钠为指示剂，用 $K_2Cr_2O_7$ 标准溶液滴定至溶液呈紫色，即为终点，主要反应为：

$$2FeCl_4^- + SnCl_4^{2-} + 2Cl^- \longrightarrow 2FeCl_4^{2-} + SnCl_6^{2-}$$
$$6Fe^{2+} + Cr_2O_7^{2-} + 14H^+ \longrightarrow 6Fe^{3+} + 2Cr^{3+} + 7H_2O$$

随着滴定的进行，溶液中 Fe^{3+} 浓度越来越大，Fe^{3+} 的黄色不利于终点的观察，而加入 H_3PO_4 可与 Fe^{3+} 形成稳定的无色配位离子 $Fe(HPO_4)_2^-$，可消除 Fe^{3+} 的黄色对终点观察的影响，同时，降低了 Fe^{3+}/Fe^{2+} 电对的条件电位，使化学计量单位附近的滴定突跃增大，二苯胺磺酸钠的变色点落入突跃范围内，提高滴定的准确度。

当矿样中含有 Cu^{2+}、As(V)、Ti(IV)、Mo(VI)、Sb(V) 等离子时，均可被 $SnCl_2$ 还原，同时又被氧化，干扰铁的测定。

有的实验教材中用 $SnCl_2$-$HgCl_2$-$K_2Cr_2O_7$ 有汞法测定铁矿石中的铁，该法成熟，准确度高，但由于使用了 $HgCl_2$，环境污染比较严重，而被列为铁矿石分析国家标准的 $SnCl_2$-$TiCl_3$-$K_2Cr_2O_7$ 无汞法，虽然克服了有汞法的缺点，但实验操作过程繁琐，有时现象不甚明显。

三、仪器和试剂

$K_2Cr_2O_7$（基准试剂或优级纯，140 干燥 2h，存于干燥器中）；浓 HCl（A. R.）；100 g/L、50g/L $SnCl_2$ 溶液；H_2SO_4-H_3PO_4 混合酸（浓硫酸 150mL 缓缓加入 700mL 水中。冷却后加入浓磷酸 150mL）；0.1% 甲基橙水溶液；0.2% 二苯胺磺酸钠水溶液；铁矿石试样。

电子分析天平，容量瓶，锥形瓶，烧杯，移液管，酸式滴定管，表面皿。

四、实验步骤

（1）0.01mol/L $K_2Cr_2O_7$ 标准溶液的配制　将 $K_2Cr_2O_7$ 置于 140℃ 的烘箱中干燥 2h，存于干燥器中冷却至室温，准确称量 0.70～0.80g 于小烧杯中，加蒸馏水溶解后转入 250mL 容量瓶中，用蒸馏水稀释至刻度，摇匀，备用。

（2）铁矿石铁含量测定　准确称取铁矿石粉 1.0～1.5g 于 250mL 烧杯中，用少量蒸馏水润湿，加入 20mL 浓 HCl 溶液，滴加 20 滴 100g/L $SnCl_2$ 溶液助溶，盖上表面皿，加热反应至剩余残渣为白色或接近白色，表明试样已分解完全。稍冷后用少量蒸馏水冲洗表面皿或杯壁，冷却后将溶液转移至 250mL 容量瓶中，用蒸馏水稀释至刻度，摇匀。

准确移取试样溶液 25.00mL 于 250mL 锥形瓶中，加入浓 HCl 8mL，加热近沸，加入 6 滴甲基橙做指示剂，边摇动锥形瓶边慢慢滴加 100g/L $SnCl_2$ 溶液，当溶液由橙红色变成红色时，表明已接近 Fe^{3+} 的还原终点，再慢慢滴加 50g/L $SnCl_2$ 至溶液呈浅粉色。若摇动后粉色退去，说明 $SnCl_2$ 已过量，可补加 1 滴甲基橙以除去稍微过量的 $SnCl_2$，使溶液呈浅粉色即为还原终点，然后，立即用流水冷却，并加入 50mL 蒸馏水、20mL H_2SO_4-H_3PO_4 混酸、4 滴二苯胺磺酸钠指示剂。并立即用 $K_2Cr_2O_7$ 标准溶液滴定至出现稳定的紫色，即为终点，平行测定三次，计算铁矿石中铁的含量。

五、实验数据记录及处理

见表 4.6。

表 4.6　铁矿石铁含量测定

平行试验	1	2	3
$m_{铁矿石粉}/g$			
$m_{K_2Cr_2O_7}/g$			
$c_{K_2Cr_2O_7}/(mol/L)$			
$V_{K_2Cr_2O_7}/mL(初)$			
$V_{K_2Cr_2O_7}/mL(终)$			
$V_{K_2Cr_2O_7}/mL$			
Fe/%			
Fe/%/（平均）			
绝对偏差（d_i）			
相对平均偏差/%			

六、思考题

① 为什么用 $SnCl_2$ 还原 Fe^{3+} 时需加热而又不能沸腾？$SnCl_2$ 的量不足或过量对测定结果产生什么影响？

② 在滴定前加入硫磷混合酸的作用是什么？加入后为什么要立即滴定？

【注释】

① 分解铁矿石试样时，加热至近沸时要不时摇动，避免沸腾。若试样中铁含量较高，样品分解后溶液呈红棕色，应滴加 $SnCl_2$ 溶液使溶液变成黄色，再进行后续实验更佳。

② 当 $SnCl_2$ 过量时，可补加 1 滴甲基橙，以除去稍微过量的 $SnCl_2$，若溶液呈浅粉色，即为还原终点。若补加 1 滴甲基橙后红色依然立刻退去，则应视实验失败，需重做。

③ 由于二苯胺磺酸钠也消耗一定量 $K_2Cr_2O_7$ 的，故不能多加。

④ 在硫磷混合酸中，Fe^{3+}/Fe^{2+} 电对的条件电位降低，Fe^{2+} 更容易被氧化，为防止空气对 Fe^{2+} 的氧化造成的测定误差，应立即滴定。

实验十七　间接碘量法测定铜合金中的铜

一、实验目的

① 学习间接碘量法的原理和方法，熟悉碘量瓶的正确使用方法。

② 了解淀粉指示剂的作用原理。

③ 掌握用碘量法测定铜的原理和方法。

④ 掌握 $Na_2S_2O_3$ 标准溶液的配制及标定。

二、实验原理

利用间接碘量法可测定铜盐和或铜合金中的铜含量。铜合金试样可用 HCl-H_2O_2 溶解，

加热煮沸使过量的 H_2O_2 分解，然后将溶液调节至酸性（pH＝3～4），加入 KI 溶液，Cu^{2+} 被 KI 还原为 CuI 沉淀，同时析出与铜量相当的 I_2（实际上以 I_3^- 形式存在，）析出的 I_2 以淀粉为指示剂，用 $Na_2S_2O_3$ 标准溶液滴定。

利用间接碘量法测定铜 Cu^{2+} 的反应式如下：

$$2Cu^{2+} + 5I^- \Longrightarrow 2CuI\downarrow + I_3^-$$

$$2Na_2S_2O_3 + I_3^- \Longrightarrow Na_2S_4O_6 + 3I^-$$

根据的用量计算试样中铜的含量。具体计算公式如下：

$$w_{Cu} = \frac{c_{Na_2S_2O_3} \times V_{Na_2S_2O_3} \times M_{Cu}}{m_s \times 1000} \times 100\%$$

三、仪器和试剂

$Na_2S_2O_3$ 标准溶液，KI 溶液：200g/L，使用前配制，淀粉溶液：5g/L，铜合金，氨水（1+1），NH_4HF_2（200g/L），HCl（1+1），H_2O_2（30%，原装），HAc（1+1）。

电子分析天平，量筒，烧杯，锥形瓶，容量瓶，移液管，酸式滴定管，棕色试剂瓶。

四、实验步骤

准确称取铜合金试样 0.10～0.15g，置于 250mL 碘量瓶中，加入 10mL HCl 溶液（1+1），并用滴管加入约 2mL 30% 的 H_2O_2，加盖，观察试样是否溶解完全，必要时再加一些 H_2O_2，加热使其溶解完全后，煮沸至冒大气泡除去过量的 H_2O_2，然后再煮沸 1～2min，冷却后，加入蒸馏水 60mL，滴加 $NH_3 \cdot H_2O$（1+1），直到溶液中刚刚有稳定的沉淀出现，然后再加入 8mL HAc（1+1）、5mL NH_4HF_2 缓冲溶液、10mL KI 溶液，摇匀。稍放置后用 $Na_2S_2O_3$ 标准溶液滴定至呈浅黄色，加入 5mL 淀粉溶液，继续滴定至溶液呈浅蓝灰色，再加入 10mL 的 100g/L NH_4SCN 溶液，充分摇动。此时，溶液蓝色变深，再继续用 $Na_2S_2O_3$ 标准溶液滴定至蓝灰色刚好消失，即为滴定终点，此时溶液呈现米黄色。平行测定 3 次，根据滴定时所消耗的 $Na_2S_2O_3$ 标准溶液的体积，计算铜合金中 Cu 的质量分数。

五、实验数据记录和计算

见表 4.7。

表 4.7　铜合金中铜含量的测定

项　　目	次数		
	1	2	3
$c_{Na_2S_2O_3}$/(mol/L)			
m 称量瓶＋合金(倾出前)/g			
M 称量瓶＋合金(倾出后)/g			
m 倾出合金质量/g			
$V_{Na_2S_2O_3}$(终读数)/mL			
$V_{Na_2S_2O_3}$(初读数)/mL			
$V_{Na_2S_2O_3}$/mL			
W_{Cu}/%			
W_{Cu}(平均值)/%			
绝对偏差			
相对平均偏差/%			

六、思考题

① 淀粉指示剂为什么一定要接近滴定终点时才能加入？加得太早或太迟有何影响？

② 为什么 NH_4HF_2 可以当做缓冲剂？说明 NH_4HF_2 的作用？

③ 若试样中含有铁怎么消除铁对测定铜的干扰且所加得试剂能控制溶液的 pH 为 3～4？

④ 用碘量法测定铜含量时，为什么要加入 NH_4SCN？为什么不能在酸化后立即加入 NH_4SCN 溶液？

实验十八　铝合金中铝含量的测定

一、实验目的

① 掌握铝合金试样的溶解方法。

② 掌握 EDTA 法测定铝的方法原理和条件。

二、实验原理

由于 Al^{3+} 易水解，易形成多核羟基络合物，在较低酸度时，还可与 EDTA 形成羟基络合物，同时 Al^{3+} 与 EDTA 络合速度较慢，在较高酸度下煮沸则容易络合完全，故一般采用返滴定法或置换滴定法测定铝。采用置换滴定法时，先调节 pH 值为 3～4，加入过量的 EDTA 溶液，煮沸，使 Al^{3+} 与 EDTA 络合，冷却后，再调节溶液的 pH 为 5～6，以二甲酚橙为指示剂，用 Zn^{2+} 盐溶液滴定过量的 EDTA（不计体积）。然后，加入过量的 NH_4F，加热至沸，使 AlY^- 与 F^- 之间发生置换反应，并释放出与 Al^{3+} 等物质的量的 EDTA：

$$AlY^- + 6F^- + 2H^+ \Longrightarrow AlF_6^{3-} + H_2Y^{2-}$$

释放出来的 EDTA，再用 Zn^{2+} 盐标准溶液滴定至紫红色，即为终点。

试样中含 Ti^{4+}、Zr^{4+}、Sn^{4+} 等离子时，亦同时被滴定，对 Al^{3+} 的测定有干扰。

大量 Fe^{3+} 对二甲酚橙指示剂有封闭作用，故本法不适合于含大量 Fe^{3+} 试样的测定。Fe^{3+} 含量不太高时，可用此法，但需控制 NH_4F 的用量，否则 FeY^- 也会部分被置换，使结果偏高，为此可加入 H_3BO_3，使过量 F^- 生成 BF_4^-，可防止 Fe^{3+} 的干扰。再者，加入 H_3BO_3 后，还可防止 SnY 中的 EDTA 被置换，因此，也可消除 Sn^{4+} 的干扰。

大量 Ca^{2+} 在 pH 为 5～6 时，也有部分与 EDTA 络合，使测定 Al^{3+} 的结果不稳定。

三、仪器和试剂

HNO_3-HCl-H_2O（1+1+2），混合酸 HCl（1+3），HCl（1+1），氨水（1+1），20%六亚甲基四胺，20% NH_4F 溶液，二甲酚橙指示剂（0.1%）；EDTA 溶液（0.02mol/L）：称取 4g 乙二胺四乙酸二钠盐于 250mL 烧杯中，用水溶解后稀释至 500mL。

烧杯，容量瓶，表面皿，锥形瓶，滴定管。

四、实验步骤

(1) EDTA 溶液的标定　以金属锌为基准，准确称量 0.2g 金属锌，置于 100mL 烧杯中，加入 10mL HCl（1+1）溶液，盖上表面皿，待完全溶解后，将溶液转入至 250mL 容量瓶中，用水稀释至刻度，摇匀。

　　用移液管移取 25.00mL Zn^{2+} 标准溶液，放入 250mL 锥形瓶中，加入 2 滴二甲酚橙指示剂，滴加六亚甲基四胺溶液至溶液呈紫红色后，再过量 5mL，用 EDTA 溶液滴定至溶液由紫红色为黄色为终点。

　　(2) 铝溶液的配制　准确称量 0.13～0.15g 合金于 150mL 烧杯中，加入 10mL 混合酸，并立即盖上表面皿，待试样溶解后，用水冲洗烧杯壁和表面皿，将溶液转移至 250mL 容量瓶中，稀释至刻度，摇匀。

　　(3) 铝含量的测定　用移液管移取 25.00mL 试液于 250mL 锥形瓶中，加入 3.5mL 0.02mol/L EDTA 溶液，二甲酚橙指示剂 2 滴，用氨水（1+1）调至溶液恰呈紫红色，然后滴加（1+3）HCl 3 滴，将溶液煮沸 3min 左右，冷却，加入 20% 六亚甲基四胺溶液 20mL，此时溶液应呈黄色，如不呈黄色，可用 HCl 调节，再补加二甲酚橙指示剂 2 滴，用锌标准溶液滴定至溶液从黄色变为红紫色（此时，不计体积）。加入 20% NH$_4$F 溶液 10mL，将溶液加热至微沸，流水冷却，再补加二甲酚橙指示剂 2 滴，此时溶液应呈黄色，若溶液呈红色，应滴加（1+3）HCl 使溶液呈黄色，再用锌标准溶液滴定至溶液由黄色变为紫红色时，即为终点。根据消耗的锌盐溶液的体积，计算 Al 的百分含量。

五、实验数据记录和计算

　　见表 4.8、表 4.9。

表 4.8　EDTA 溶液的标定

平行试验	1	2	3
$V_{Zn^{2+}}$/mL		25.00	
V_{EDTA}/mL			
c_{EDTA}/(mol/L)			
c_{EDTA}/(mol/L)（平均）			
相对平均偏差/%			

表 4.9　Al 含量的测定

平行试验	1	2	3
$V_{试液}$/mL		25.00	
$V_{Zn^{2+}}$/mL			
Al/%			
Al/%（平均）			
相对平均偏差/%			

六、思考题

　　① 用 EDTA 法测定铝，为什么一般采用置换滴定方式？

　　② 用 EDTA 法测定铝，测定在什么条件下进行，如何控制？

③ 本实验在测定铝时，为什么要先加入过量 EDTA 溶液，而后又采用返滴定，其目的是什么？

实验十九 铜合金中铜的配位置换滴定法

一、实验目的

① 掌握络合滴定中置换滴定法的基本原理。
② 掌握合金样品的处理方法。
③ 了解络合滴定中提高选择性的基本方法。

二、方法原理

先将 Cu^{2+} 在 pH＝5～6 的介质中与过量的 EDTA 反应，未反应的 EDTA 用 Pb^{2+} 滴定完全。再用 H_2SO_4 调 pH 为 1～2，加一定量的抗坏血酸和硫脲破坏 Cu-EDTA 螯合物，再调 pH 为 5～6，用 Pb^{2+} 标准溶液滴定释放出来的 EDTA 到紫红色为终点。

$$Cu^{2+}+H_2Y^{2-}（过量）\longrightarrow CuY^{2-}+2H^++H_2Y^{2-}（剩余）$$
$$Pb^{2+}+H_2Y^{2-}（剩余）\longrightarrow PbY^{2-}+2H^+$$
$$Pb^{2+}+XO^{4-}\longrightarrow PbXO^{2-}$$
$$\quad\text{黄色}\quad\text{红色}$$

$$CuY^{2-}+6SC(NH_2)_2+C_6H_8O_6+2H^+\longrightarrow 2Cu[SC(NH_2)_2]^{3+}+C_6H_6O_6+2H_2Y^{2-}$$
$$Pb^{2+}+H_2Y^{2-}（置换的）\longrightarrow PbY^{2-}+2H^+$$
$$Pb^{2+}+XO^{4-}\longrightarrow PbXO^{2-}$$
$$\quad\text{黄色}\quad\text{红色}$$

$$c_{EDTA}\times20\times10^{-3}=\frac{m_{Pb(NO_3)_2}}{M_{Pb(NO_3)_2}\times0.25}\times V_{Pb^{2+}}$$

三、仪器和试剂

EDTA 溶液：0.02mol/L，六亚甲基四胺：20％水溶液，二甲酚橙（XO）：0.2％水溶液，Pb^{2+} 标准溶液：0.02mol/L，硫脲：4％水溶液，抗坏血酸，H_2SO_4：1：2，HNO_3：1：3，HCl：1：1

电子分析天平，锥形瓶，酸式滴定管，烧杯，移液管，容量瓶。

四、实验步骤

(1) 含铜试液分析 取铜分析试液 10.00mL（含 Cu^{2+} 10mg 左右），加 20mL 0.02mol/L EDTA，70mL 水，3mL 20％六亚甲基四胺，3 滴 0.2％ XO，用 0.02mol/L Pb^{2+} 标液滴定到突变为紫红色，用 1：2 H_2SO_4 调 pH 为 1～2，加 0.2g 抗坏血酸，摇匀，使其溶解，加 4％硫脲 10mL，放置 5～10min，再加六亚甲基四胺 20mL，用 Pb^{2+} 标准溶液滴定到突变为紫红色为终点，根据滴定体积计算分析试液中 Cu^{2+} 浓度。

(2) 铜合金中铜的测定 称取铜合金 0.24～0.26g，加 1：3 HNO_3 10mL，加热溶解并

蒸发至小体积（1～2mL），用少量水冲洗杯壁，定量转移到 50mL 容量瓶中，用水稀至刻度，摇匀。取此样品溶液 10.00mL，加 45mL 0.02mol/L EDTA，25mL 水，5mL 20% 六亚甲基四胺，2 滴 0.2% XO，用 Pb^{2+} 标液滴定到突变为蓝紫色。用 1∶2 H_2SO_4（30 滴左右）调 pH 为 1～2，加 0.5g 抗坏血酸、25mL 4% 硫脲，放置 10min，加 25mL 20% 六亚甲基四胺，用 Pb^{2+} 标准溶液滴到突变为紫红色为终点，并由此计算铜合金中铜的质量百分数。

五、实验数据记录和计算

见表 4.10。

表 4.10 含铜溶液（铜合金）中铜的测定

记录项目	Ⅰ	Ⅱ	Ⅲ
$c_{Pb^{2+}}$/(mol/L)			
$V_{Pb^{2+}始}$/mL			
$V_{Pb^{2+}终}$/mL			
$V_{Pb^{2+}}$/mL			
$c_{Cu^{2+}}$/(mol/L)（或 Cu%）			
$c_{Cu^{2+}}$/(mol/L)（或 Cu%）（平均值）			
绝对偏差（d_i）			
相对平均偏差/%			

六、思考题

① 本实验中，加入抗坏血酸和硫脲的作用是什么？

② 为何在加抗坏血酸和硫脲之前要加 1∶2 H_2SO_4 调 pH 为 1～2？

③ 第一个颜色突变时的体积是否对最后结果有影响？

【注释】

① 配制硝酸铅标准溶液时，为防止铅的水解，常需要加一滴硝酸，但不能过量。

② 溶解铜合金时，最后残留的硝酸一定要控制在小体积（1～2mL）。

③ 铜-EDTA 络合物的置换反应一定要完全，否则测定误差较大。

实验二十 紫外双波长光度法测定对苯酚中苯酚的含量

一、实验目的

① 了解双波长等吸收法消除溶液中干扰组分的原理。

② 掌握用紫外-可见分光光度计做双波长测量的基本操作。

二、实验原理

当试样中两共存组分 X 和 Y 的吸收光谱相互重叠而干扰时，不能采用通常的单一波长法来测量其中某一组分。若用双波长吸收法则可以消除干扰来测定一种组分或分别测定两种组分。此法以另一波长 λ_1 处的吸光度作为参比，消除背景吸收和光散射，可用于测定浑浊溶液或干扰物质有强吸收的试样，也可用于混合物中吸收光谱相互重叠的多组分的测定。

双波长分光光度法的基本操作：首先在同一坐标上分别绘制各组分单独存在时的吸收光谱，由吸收光谱选择测定波长 λ_2 和参比波长 λ_1。选择波长的原则是：① 在两个波长 λ_1、λ_2 处，干扰组分的吸光度应相等（即等吸收点）；② 待测组分吸光度差值应足够大。

假设 Y 为待测组分，X 为干扰组分，在选定的波长 λ_1、λ_2 处分别测吸光度，则两吸光度之差与待测组分的浓度成正比。

$$\Delta A = A_{\lambda_2} - A_{\lambda_1} = (A_{\lambda_2}^{X} + A_{\lambda_2}^{Y}) - (A_{\lambda_1}^{X} + A_{\lambda_1}^{Y})$$

由于 $A_{\lambda_2}^{X} = A_{\lambda_1}^{X}$，则

$$\Delta A = A_{\lambda_2}^{Y} - A_{\lambda_1}^{Y} = (\varepsilon_{\lambda_2}^{Y} - \varepsilon_{\lambda_1}^{Y}) c_Y b$$

式中，ε 为摩尔吸光系数，L/(mol·cm)；b 为比色皿的厚度，cm；c_Y 为溶液的物质的量浓度，mol/L。

配制待测物质的标准系列，测定其吸光度差值 ΔA，以 ΔA 对待测组分的浓度 c_Y 作图，得 ΔA-c_Y 标准曲线。在相同条件下测定样品溶液在两波长下的吸光度差值，从而求出待测组分含量。本实验采用双波长等吸光度法测定苯酚和对苯酚混合溶液中苯酚的含量。

三、仪器和试剂

250.0mg/L 苯酚水溶液，250.0mg/L 对苯酚。

紫外-可见分光光度计，电子分析天平，容量瓶，移液管，烧杯。

四、实验步骤

(1) 苯酚水溶液和对苯酚水溶液吸收光谱的绘制

① 250.0mg/L 苯酚储备液和 250.0mg/L 对苯酚储备液的配制　准确称取 25.00mg 苯酚，用蒸馏水溶解，定量转移到 100mL 容量瓶中定容，摇匀，得 250.0mg/L 苯酚储备液。同样步骤配制 250.0mg/L 对苯酚储备液。

② 苯酚水溶液和对苯酚水溶液吸收光谱的测定　分别移取上述两种储备液各 5.00mL 于 25mL 容量瓶中，配制成 50.00mg/L 苯酚水溶液和对苯酚水溶液，波长为 200~375nm，以水作参比，用 1cm 石英比色池，测吸光度。记录数据并在同一坐标中绘各自的吸收光谱图，并选择合适的 λ_1、λ_2。

(2) 苯酚水溶液标准曲线的测绘　分别移取 250.0mg/L 苯酚水溶液 1.00mL、2.00mL、3.00mL、4.00mL、5.00mL 于 25mL 容量瓶中，以蒸馏水定容，摇匀，得到浓度分别为 10.00mg/L、20.00mg/L、30.00mg/L、40.00mg/L、50.00mg/L 的标准溶液，编号为 0、1、2、3、4、5。在选定的测量波长 λ_2 及参比波长 λ_1 处，以水作参比，用 1cm 石英比色池，分别测定各标准溶液的吸光度，并计算出两波长处的吸光度之差 ΔA。

(3) 未知样溶液的测定　配制苯酚浓度约 20 倍于对苯酚的未知样品溶液，移取 5mL 未知样品溶液，在 λ_1 和 λ_2 处，以水为参比，用 1cm 石英吸收池测其吸光度，并计算两波长处的吸光度之差。

五、实验数据记录及处理

见表 4.11。

表 4.11　苯酚含量的测定

吸光度	0	1	2	3	4	5	未知样
A_1							
A_2							
ΔA							

六、思考题

① 双波长分光光度法中选择参比波长和测量波长的原则是什么？

② 与单波长分光光度法相比较，双波长分光光度法有哪些优点？

【注释】

① 在同一坐标中绘制苯酚水溶液和对苯酚水溶液的吸收光谱，选出合适的测量波长 λ_2 及参比波长 λ_1。

② 计算标准系列溶液在两波长处吸光度的差值 ΔA。以 ΔA 为纵坐标、苯酚水溶液的浓度 c 为横坐标，绘制标准曲线。

③ 由测得样品液的 ΔA 值，在标准曲线上查出相应的苯酚含量，换算出未知样中苯酚的浓度（mg/L）。

实验二十一　钢铁中镍的测定

一、实验目的

① 掌握重量法的基本操作。

② 了解丁二酮肟法测定镍的特点。

③ 了解溶剂在重量分析中的作用。

二、实验原理

在氨性溶液中，Ni^{2+} 与丁二酮肟生成鲜红沉淀，沉淀组成恒定，经过滤、洗涤、烘干后，即可称重。

丁二酮肟是一种选择性比较高的试剂，只与 Ni^{2+}、Pb^{2+}、Fe^{2+} 生成沉淀。此外丁二酮肟还能与 Cu^{2+}、Co^{2+}、Fe^{3+} 生成水溶性配合物。

丁二酮肟为二元弱酸，用 H_2D 表示。

其中只有 HD^- 与 Ni^{2+} 反应生成沉淀。可见溶液酸度大时，由于生成 H_2D，沉淀的溶解度加大；溶液酸度小时，由于生成 D^{2-}，同样沉淀的溶解度增大。实验证明沉淀时溶液的 pH＝7.0～10.0 为宜。通常在 pH 为 8～9 的氨性溶液中进行沉淀。但氨的浓度不能过高，否则 Ni^{2+} 生成氨配合物，也会使沉淀的溶解度加大。

丁二酮肟在水中的溶解度较小，所以容易引起试剂本身的共沉淀。加入适量的乙醇，增大试剂的溶解度，可减少试剂的共沉淀。但溶液中乙醇的浓度不能太大，否则会增加丁二酮肟镍的溶解度。一般溶液中乙醇的浓度以 30％～50％ 为宜。在热溶液中进行沉淀，趁热过滤，用热水洗涤，不仅可以减少试剂的共沉淀，同时也可减少其他杂质的共沉淀。由于丁二酮肟镍在水中的溶解度很小，约为 4×10^{-9}，故用热水洗涤沉淀时，不致引起太大的损失。

由于 Fe^{3+}、Al^{3+}、Cr^{3+}、Ti^{4+} 等在氨性溶液中生成氢氧化物沉淀，干扰测定，故在溶液调至氨性前，要加柠檬酸或酒石酸等配位试剂，使其生成水溶性配合物。

Co^{2+}、Cu^{2+} 与丁二酮肟生成水溶性配合物，消耗试剂，而且严重沾污沉淀。加大沉淀剂的用量，增加溶液体积，在一定程度上可减少其干扰。但 Co^{2+}，Cu^{2+} 的含量高，最好进行二次沉淀。

$$w_{Ni} = \frac{m_2 - m_1}{m_0} \times 0.2032 \times 100\%$$

式中，m_2 为玻璃过滤坩埚与丁二酮肟镍的质量，g；m_1 为玻璃过滤坩埚的质量，g；m_0 为称样量，g；0.2032 为丁二酮肟镍换算成镍的换算因子。

三、仪器和试剂

丁二酮肟：0.1%乙醇溶液；酒石酸；1+1 HCl，1+1 HNO$_3$；浓氨水。

玻璃砂芯坩埚：3 号或 4 号，先用热的 1+1 HCl 和热水反复抽滤洗涤，最后用水抽滤洗涤至无氯离子，置于烘箱中于 110～120℃下烘干至恒重。

四、实验步骤

准确称取三份镍合金钢试样 0.18～0.2g 于 250～300mL 烧杯中，盖上表面皿，沿杯嘴加入 1+1 HCl 20mL、1+1 HNO$_3$ 10mL，摇匀后于电热板上加热溶解。待试样溶解后，煮沸除去氮的氧化物，加入 100mL 蒸馏水，加热煮沸使可溶盐完全溶解。稍冷后，加入 2g 酒石酸，搅拌使其完全溶解，用浓氨水中和至溶液 pH 为 8～9，用快速滤纸过滤以除去不溶的残渣等，用热水洗涤烧杯及滤纸 5～8 次，滤液及洗涤液承接于另一洁净的 400mL（总体积约 200mL）烧杯中，用 1+1 HCl 中和至 pH 为 2，并将溶液加热至 70～80℃，加入 1%丁二酮肟乙醇溶液 20～40mL，在剧烈搅拌下滴加氨水（1+1）至溶液呈弱碱性（用 pH 试纸实验，控制 pH 在 8 和 9 之间）。沉淀于 60℃下放置 1h，过滤到已恒重的玻璃砂芯坩埚中，用热水洗涤烧杯及坩埚 8～10 次，沉淀于 110～120℃烘箱中干燥至恒重。计算合金钢中镍的质量百分数。

五、实验数据记录和计算

见表 4.12。

表 4.12 钢铁中镍的含量

加热恒重次数	1	2	3
$m_{空坩埚}$			
$m_{坩埚} + m_{试样}$			
$m_{试样}$			
Ni 的含量/%			

六、思考题

① 什么叫恒重？空砂芯坩埚为什么要恒重？

② 加热时间和温度应该控制多少？

③ 沉淀镍时，如何控制 pH，如何调节？

【注释】

① 称取试样若大于 0.2g 时，则必须增加沉淀剂和酒石酸的用量，每增加 0.1g 试样需多加 10mL 沉淀剂及 1g 酒石酸；如沉淀剂用量过多，则乙醇浓度也过大，将增加沉淀的溶解度。

② 以玻璃砂芯坩埚抽滤时，如欲停止抽滤，则应先拔开橡皮管，再关水门，否则会引起自来水吸入抽滤瓶中。

③ 实验完毕后，玻璃砂芯坩埚中的沉淀先用自来水冲洗掉，再用热的 1+1 HCl 把红色沉淀全部溶解掉，再用蒸馏水抽滤洗涤 10 次左右。

④ 若试样中镍含量太低，试样称量则应适当增加，酒石酸加入量也应增加。

实验二十二　Fe_3O_4 磁性材料的制备及分析

一、实验目的

① 掌握共沉淀法制备纳米级磁性粒子。

② 了解磁性功能材料的制备和分析。

二、方法原理

共沉淀法是在包含两种或两种以上金属离子的可溶性盐溶液中，加入适当的沉淀剂，使金属离子均匀沉淀或结晶出来，再将沉淀物脱水或热分解而制得纳米微粉。共沉淀法有两种：一种是 Massart 水解法，即将一定摩尔比的三价铁盐与二价铁盐混合液直接加入到强碱性水溶液中，铁盐在强碱性水溶液中瞬间水解结晶形成磁性铁氧体纳米粒子。另一种为滴定水解法，是将稀碱溶液滴加到一定摩尔比的三价铁盐与二价铁盐混合溶液中，使混合液的 pH 值逐渐升高。当达到 6～7 时水解生成磁性 Fe_3O_4 纳米粒子。

共沉淀法是目前最普遍使用的方法，其 Fe^{2+} 和 Fe^{3+} 盐在碱性条件下，可以通过共沉淀方式并控制沉淀生长过程制备纳米级 Fe_3O_4 颗粒。对颗粒表面进行适当修饰后，再分散到油中得到磁性液体。

$$Fe^{2+}+Fe^{3+}+OH^- \longrightarrow Fe(OH)_2/Fe(OH)_3 \qquad 形成共沉淀$$

$$Fe(OH)_2+Fe(OH)_3 \longrightarrow FeOOH+Fe_3O_4 \qquad (pH<7.5)$$

$$FeOOH+Fe^{2+} \longrightarrow Fe_3O_4+H^+ \qquad (pH>9.2)$$

$$Cr_2O_7^{2-}+6Fe^{2+}+14H^+ \Longrightarrow 2Cr^{3+}+7H_2O+6Fe^{3+}$$

$$w_{Fe}=\frac{6\times c_{K_2Cr_2O_7}\times V_{K_2Cr_2O_7}\times 10^{-3}\times M_{Fe}}{m_{Fe_3O_4}}\times 100\%$$

三、主要仪器及试剂

$FeCl_3 \cdot 6H_2O$、$FeSO_4 \cdot 7H_2O$（固体）、油酸钠、柠檬酸钠、8mol/L NaOH 水溶液、煤油、油酸、1＋1 氨水。

恒温水浴槽、真空干燥箱、离心机、环形磁铁。

四、实验部分

(1) 磁性颗粒制备

① 称取 5.40g(0.020mol)$FeCl_3 \cdot 6H_2O$，加入 200mL 蒸馏水。待固体溶解完全后，用快速滤纸过滤除去少量不溶物，滤液备用。

称取 2.92g(0.0105mol 过量 5％)$FeSO_4 \cdot 7H_2O$，加入 200mL 蒸馏水。待固体溶解完全后，用快速滤纸过滤除去少量不溶物，滤液备用。

② 将上述两种溶液倾入 500mL 烧杯中，加入少量 1：1 盐酸，调节溶液 pH 值为 1～2，加入 0.43g(0.020mol) 柠檬酸三钠，搅拌均匀。

③ 将上述混合液置于电热板上加热至 70～80℃，不断搅拌下缓慢滴加 1＋1 氨水，此时不断有沉淀产生。继续滴加氨水直至溶液 pH 值约为 9。

④ 放置沉淀 30min，弃去上层清液（最好将磁铁置于烧杯底部，加快磁性物质沉降），加入蒸馏水洗涤 3～4 次，少量乙醇洗涤 2 次至溶液为中性。

⑤ 沉淀在 60～80℃真空干燥，得到黑色 Fe_3O_4 固体粉末（此样品作为分析用铁样）。

(2) 磁性液体的制备

① 将上述步骤（1）中④得到的磁性颗粒液体置于 400mL 烧杯，加入 150mL 水，使用 pH 计测量其 pH 值，并将电极固定在烧杯中，滴加 8mol/L NaOH 至 pH 值约为 10。加热溶液至 80℃并保持此温度，在剧烈搅拌下，一边滴加油酸（共 25mL），一边滴加 NaOH 保持 pH≈10。油酸加完后保持 pH≈10，80℃下继续搅拌 30min，静置自然冷却。

② 剧烈搅拌下，在烧杯中倾入 125mL 1：1 盐酸，磁性物质凝聚在一起。倾倒出清液，加入去离子水洗涤 3～4 次，倾去清液。

③ 玻棒搅拌下，加入煤油清洗一次，2000r/min 离心，弃去上层清夜。同样方法再用无水酒精处理一次。

④ 得到的黏性物质放入表面皿中，置于真空干燥箱中在 60℃干燥 8h。

⑤ 烘干后的固体物质冷却、称量。加入 2 倍固体量的煤油，用研钵研磨至无明显颗粒存在。再转移至小烧杯中慢速搅拌 2h。

⑥ 搅拌后的悬浮体系用 5000r/min 离心 10min，完成后取出中层液体装瓶，即为煤油基磁性液体。

(3) 铁含量的测定　同氧化还原滴定法中的无汞盐法测定铁

准确称取 0.11～0.13g 干燥的产物三份（其中老师称量两份），分别置于 250mL 锥形瓶中，加少量水使试样湿润，然后加入 20mL 1：1 HCl，于电热板上温热至试样分解完全。若溶样过程中盐酸蒸发过多，应适当补加，用水吹洗瓶壁，此时溶液的体积应保持在 25～50mL 之间，将溶液加热至近沸，趁热滴加 15％氯化亚锡至溶液由棕红色变为浅黄色，加入 3 滴硅钼黄指示剂，这时溶液应呈黄绿色，滴加 2％氯化亚锡至溶液由蓝绿色变为纯蓝色，立即加入 100mL 蒸馏水，置锥形瓶于冷水中迅速冷却至室温。然后加入 15mL 磷硫混酸、4 滴 0.5％二苯胺磺酸钠指示剂，立即用 $K_2Cr_2O_7$ 标准溶液滴定至溶液呈亮绿色，再慢慢滴加 $K_2Cr_2O_7$ 标准溶液至溶液呈紫红色，即为终点。计算产物铁的质量百分数。

五、实验数据记录和计算

见表 4.13。

表 4.13　Fe_3O_4 中铁含量的测定

平行试验	1	2	3
$K_2Cr_2O_7$ 浓度/(mol/L)			
$V_{K_2Cr_2O_7}$/mL			
Fe/%			
Fe/%（平均）			
绝对偏差（d_i）			
相对平均偏差/%			

六、思考题

① 在制备磁性颗粒时，加入柠檬酸三钠和氨水的目的是什么？

② 在制备的水溶液中加入盐酸时，为什么磁性物质会凝聚出来？

③ 最后一次离心，为何只取中间层液体装瓶？

【注释】

① 制备得到的磁性液体，加磁场时可以在显微镜下观察到明显的六角型规律结构。可以将称量纸折叠成方形，纸内放置少量浓磁性液体，将强磁铁隔纸放置在下面，肉眼可以观察到固体微粒形成磁束。

② 在制备磁性液体时，可用一定量的油酸钠代替油酸，同时控制溶液的 pH 值，后续步骤相同。

实验二十三　光亮镀镍溶液中主要成分的分析

一、实验目的

① 了解光亮镀镍液中主要成分的作用和分析意义。

② 掌握光亮镀液中主要成分及杂质的分析方法。

③ 掌握滴定终点的判断。

④ 正确操作有关仪器。

二、实验原理

钢铁表面光亮镀镍，具有良好的抛光性、硬度高、耐磨，在空气、碱和某些酸中很稳定。光亮镀镍液中的主要成分为硫酸镍、氯化镍、硼酸及光亮剂等。镀层质量的好坏与镀液中主要成分的含量密切相关。因此，电镀溶液的化验分析是检验其组分配比是否正常的重要手段，需定期予以化验分析，并及时予以调整，使镀液在良好的条件下备用，这又是生产任务下达后即能及时投入生产的重要保证。

在镀液分析中，主要控制硫酸镍、氯化镍、硼酸及杂质离子的含量，其分析方法如下。

(1) 总镍的测定 在碱性溶液中，镍和 EDTA 定量反应，以紫脲酸铵为指示剂，得到镍含量。当有铜锌等金属杂质存在时对测定有干扰，但它们在光亮镀镍溶液中一般含量极少，对测定镍影响不大，几乎无干扰，可忽略。

$$Ni^{2+} + H_2Y^{2-} \longrightarrow NiY^{2-} + 2H^+$$

(2) 氯离子含量的测定 采用莫尔法测定氯离子含量，即氯离子和硝酸银定量地生成白色氯化银沉淀：

$$Cl^- + AgNO_3 \longrightarrow AgCl \downarrow + NO_3^-$$

滴定时以铬酸钾为指示剂。在中性或弱碱性溶液中，铬酸钾和硝酸银生成砖红色铬酸银沉淀，但铬酸银的溶解度比氯化银大，当氯化银完全沉淀后，稍微过量的硝酸银，即和铬酸钾反应生成砖红色铬酸银沉淀，指示滴定终点。

$$2Ag^+ + K_2CrO_4 \longrightarrow Ag_2CrO_4 \downarrow + 2K^+$$

由于铬酸银溶解于酸，因此滴定时溶液的 pH 应保持在 6.5～10.5 之间；若有铵盐存在时，溶液的 pH 应控制在 6.5～7.2 之间。此时其他阴离子如 I^-、Br^- 以及阳离子 Pb^{2+}、Ba^{2+} 等对测定有干扰，但在此镀液中，它们存在极少，不影响氯化物的测定。

实验结果计算：①通过氯离子的含量计算氯化镍的含量；②利用质量分数比计算出镍的含量；③用总镍量减去氯化镍中的镍含量，得出硫酸镍的含镍量；④通过硫酸镍的含镍量计算出硫酸镍的含量。

(3) 硼酸的测定 硼酸虽是多元酸，但酸性极弱，不能直接用碱滴定。甘油、甘露醇和转化糖等含多羟基的有机物，能和硼酸生成较强的络合酸，可用碱滴定，以酚酞为指示剂。

(4) 铜离子的测定 以 EDTA 除去镍的干扰，在含有保护胶体的氨性溶液中，二乙胺基二硫代甲酸钠 DDTC 与铜离子形成棕黄色化合物，以此作铜的测定。

(5) 铁离子的测定 以硝酸将铁氧化为三价，在大量铵盐存在下，加氨水使三价铁离子沉淀为氢氧化铁，以盐酸溶解，以硫氰酸钠显色后分光光度测定铁。

三、实验仪器和试剂

(1) 仪器 分光光度计，3cm 比色皿，1cm 比色皿，容量瓶，锥形瓶，滴定管，移液管，洗耳球，加热装置。

(2) 试剂 0.05mol/L EDTA 标准溶液（参见实验五），NH₃-NH₄Cl 缓冲溶液（pH=10），紫脲酸铵指示剂（固体），氟化铵（固体），1％铬酸钾溶液，0.1mol/L 硝酸银标准溶液，甘油混合液（柠檬酸钠 60g 溶于少量水中，加入甘油 600mL，再加少量酚酞，加水稀释至 1L），0.1mol/L 氢氧化钠标准溶液（参见实验十三），1％阿拉伯树胶溶液[①]，50％柠檬酸铵溶液，0.25mol/L EDTA 溶液，1:1 氨水溶液，0.25mol/L 硫酸镁溶液，0.2％二乙胺基二硫代甲酸钠（DDTC），0.025mg/mL 铜标准溶液[②]，25％氯化铵溶液，1:1 盐酸溶液，20％硫氰酸钠溶液，0.05mg/mL 铁标准溶液[③]，浓硝酸，光亮镀镍液[④]。

四、实验内容

(1) 总镍的测定 吸取镀液 10mL 于 100mL 容量瓶中，加水稀释至刻度。吸取此稀释液 10mL 于 250mL 锥形瓶中，加水 80mL，pH＝10 的 NH_3-NH_4Cl 缓冲溶液 10mL，少量紫脲酸铵指示剂，以 0.05mol/L EDTA 滴定至溶液由黄色恰好转紫色即为终点。

(2) 氯化物的测定 吸取上述稀释液 10mL 于 250mL 锥形瓶中，加水 50mL 及 1％铬酸钾溶液 3～5 滴，用 0.1mol/L 标准硝酸银滴定至最后一滴硝酸银使生成的白色沉淀略带砖红色为终点（0.1mol/L 硝酸银标准溶液的配制与标定参见实验十一）。

(3) 硼酸的测定 吸取上述稀释液 10mL 于 250mL 锥形瓶中，加水 10mL，加甘油混合液 25mL，以 0.1mol/L 氢氧化钠溶液滴定至溶液由淡绿变灰蓝色为终点[⑤⑥]。

(4) 铜离子的测定 用移液管吸取镀液 1mL 两份，分别置于 100mL 容量瓶中，各加水 30mL，50％柠檬酸铵 10mL，1％阿拉伯树胶 10mL，1∶1 氨水 10mL，0.25mol/L EDTA 5mL，0.25mol/L 硫酸镁 3mL，0.2％ DDTC 10mL，以水稀释至刻度，摇匀。以 3cm 比色皿及波长 470nm 在分光光度计上测得其吸光度。然后在标准曲线上查出其含量。

标准曲线的绘制：取 0.025mol/L 铜标准溶液 0mL、1mL、3mL、5mL、7mL 于 5 个 100mL 容量瓶中，依次加入 50％柠檬酸铵 10mL，水 20mL、1％阿拉伯树胶 10mL，1∶1 氨水 10mL，摇匀，再加 0.2％ DDTC 10mL，以水稀释至刻度，摇匀。按上述方法测定吸光度，并绘制标准曲线。

(5) 铁离子的测定 用移液管吸镀液 25mL 于 300mL 烧杯中，加 3～4 滴浓硝酸，加热至沸，冷却至约 70℃，加 25％氯化铵 25mL，水 100mL，加 1∶1 氨水至溶液呈强碱性（pH大约为 12～13，有强烈氨味）。加热至近沸，此时有氢氧化铁生成，趁热过滤，用热水洗涤沉淀数次，用 1∶1 热盐酸 10mL 溶解沉淀，并以热水洗漏斗数次，滤液及洗液以 100mL 容量瓶承接，冷却，加 20％硫氰酸钠 10mL，以水稀释至刻度，摇匀。用 1cm 比色皿及波长 500nm，以水为空白，在分光光度计上测其吸光度。

标准曲线的绘制：取 0.05mg/L 标准铁溶液 0mL、1mL、3mL、5mL、7mL 于 5 个 100mL 容量瓶中，加 1∶1 盐酸 10mL，水 30mL，20％硫氰酸钠 10mL，加水稀释至刻度，摇匀。按上述方法测定吸光度，并绘制标准曲线。

五、思考题

① 在进行总镍滴定时，紫脲酸铵指示剂为什么不能加多？若加多，对分析结果有何不利影响？

② 如何正确计算硫酸镍的含量？

【注释】

① 1％阿拉伯树胶溶液：称取阿拉伯树胶 2g，溶于热水中，稀释至 200mL，澄清后，取上清液使用。

② 0.025mg/mL 铜标准溶液：准确称取纯度在 99.95％以上的纯铜 0.05g，置于 250mL 锥形瓶中，加 1∶1 硝酸 10mL 使之溶解，煮沸除去氮的氧化物，在容量瓶中稀释至 1000mL，摇匀后取出 100mL 再稀释至 200mL（1mL 含 0.025mg 铜）。

③ 0.05mg/mL 铁标准溶液：准确称取纯铁 0.1g 溶于少量 1∶1 盐酸中，滴加过氧化氢数滴，溶完后在容量瓶中稀释至 1000mL。再取此液 100mL，稀释至 200mL（1mL 含铁 0.05mg）。

④ 光亮镀镍液的工艺配方：硫酸镍：250g/L；氯化镍：40g/L；硼酸：40g/L；铜离子：＜50mg/L；铁离子：＜350mg/L。

⑤ 滴定时，溶液中加入柠檬酸钠以防止镍生成氢氧化镍沉淀。此外，若有大量铵盐存在时，可使结果偏高，因铵盐对强碱起缓冲作用（铵盐和强碱生成弱碱氨）。

⑥ 终点颜色变化由淡绿→灰蓝→紫红。若灰蓝色终点不易控制，可滴定至紫红再减去过量的毫升数（约0.2mL）。

附　　录

附录一　标准实验报告样式

实验三　盐酸标准溶液的配制与标定

（1）实验目的

（2）实验原理（简要文字和反应方程式，对特殊仪器装置，应画出实验装置图，写出定量计算式）

本实验以 Na_2CO_3 作为基准物来标定盐酸溶液的浓度，Na_2CO_3 有两个化学计量点，第一化学计量点（pH≈8.3）和第二化学计量点（pH≈3.9），相对于第一化学计量点附近的突跃，第二化学计量点附近的突跃比较明显，因此可选用甲基橙作为指示剂。

标定反应式　　　　　　　$Na_2CO_3 + 2HCl \Longrightarrow 2NaCl + H_2CO_3$

计算式　　　　　　$c_{HCl} = \dfrac{2 \times m_{Na_2CO_3} \times 10^3}{M_{Na_2CO_3} \times V_{HCl}}$　　$M_{Na_2CO_3} = 106.0$

标定时常用甲基橙（1～2滴）为指示剂。

（3）实验步骤（简明扼要，可以用文字或流程图描述实验过程）

① 配制 0.1mol/L HCl 标准溶液：通过计算求出配制 400mL 0.1mol/L HCl 溶液所需浓盐酸的体积。贮于玻塞细口瓶中，充分摇匀。

② 称取无水碳酸钠：通过计算求出无水碳酸钠所需的质量范围，然后用减量法准确称取三份，并记录数据在数据本上。

③ HCl 标准溶液浓度的标定：把称取好的 3 份无水碳酸钠置于 3 只 250mL 锥形瓶中，加水约 30mL，溶解，以甲基橙为指示剂，以 HCl 溶液滴定至溶液由黄色转变为微红色。记下 HCl 溶液的耗用量，并计算出 HCl 溶液的浓度 c_{HCl}。

（4）实验过程记录和计算（包括所有的原始数据及计算公式）

a. 0.1mol/L HCl 标准溶液配制 取浓盐酸_____ mL；

b. 0.1mol/L HCl 标准溶液的标定。

0.1mol/L HCl 溶液的标定数据记录

记录项目	Ⅰ	Ⅱ	Ⅲ
称量瓶＋Na_2CO_3（前）/g 称量瓶＋Na_2CO_3（后）/g Na_2CO_3 的质量/g			

续表

记录项目	I	II	III
$V_{HCl终}/mL$			
$V_{HCl始}/mL$			
V_{HCl}/mL			
$c_{HCl}/(mol/L)$			
$c_{HCl}/(mol/L)$（平均值）			
绝对偏差（d_i）			
相对平均偏差/%			

（5）结果与讨论

内容可以是实验中发现的问题、误差分析、经验教训总结，对指导教师或实验室的意见和建议等。

（6）思考题

附录二　相对原子质量表

元素	符号	相对原子质量	元素	符号	相对原子质量	元素	符号	相对原子质量
银	Ag	107.8682	铪	Hf	178.49	铷	Rb	85.4678
铝	Al	26.98154	汞	Hg	200.59	铼	Re	186.207
氩	Ar	39.948	钬	Ho	164.9303	铑	Rh	102.9055
砷	As	74.9216	碘	I	126.9045	钌	Ru	101.07
金	Au	196.9665	铟	In	114.82	硫	S	32.07
硼	B	10.81	铱	Ir	192.22	锑	Sb	121.76
钡	Ba	137.33	钾	K	39.0983	钪	Sc	44.9559
铍	Be	9.01218	氪	Kr	83.80	硒	Se	78.96
铋	Bi	208.9804	镧	La	138.9055	硅	Si	28.0855
溴	Br	79.904	锂	Li	6.941	钐	Sm	150.36
碳	C	12.011	镥	Lu	174.967	锡	Sn	118.71
钙	Ga	40.08	镁	Mg	24.305	锶	Sr	87.62
镉	Gd	112.41	锰	Mn	54.93805	钽	Ta	180.9479
铈	Ce	140.12	钼	Mo	95.94	铽	Tb	158.9253
氯	Cl	35.453	氮	N	14.0067	碲	Te	127.60
钴	Co	58.9332	钠	Na	22.98977	钍	Th	232.0381
铬	Cr	51.996	铌	Nb	92.9064	钛	Ti	47.87
铯	Ce	132.9054	钕	Nd	144.24	铊	Tl	204.383
铜	Cu	63.546	氖	Ne	20.1798	铥	Tm	168.9342
镝	Dy	162.50	镍	Ni	58.69	铀	U	238.0289
铒	Er	167.26	镎	Np	237.0482	钒	V	50.9415
铕	Eu	151.966	氧	O	15.9994	钨	W	183.84
氟	F	18.998403	锇	Os	190.23	氙	Xe	131.29
铁	Fe	55.845	磷	P	30.97376	钇	Y	88.9058
镓	Ga	69.72	铅	Pb	207.2	镱	Yb	173.04
钆	Gd	157.25	钯	Pd	106.42	锌	Zn	65.39
锗	Ge	72.61	镨	Pr	140.9077	锆	Zr	91.22
氢	H	1.00794	铂	Pt	195.08			
氦	He	4.00260	镭	Ra	226.0254			

附录三　常用基准物质的干燥、处理和应用

基准物质	分子式	标定对象	使用前的处理及保存
碳酸钠	Na_2CO_3	HCl、H_2SO_4 等强酸	270～300℃烘至恒重,干燥器内保存
硼砂	$Na_2B_4O_7 \cdot 10H_2O$	HCl、H_2SO_4 等强酸	置于含有 NaCl 和蔗糖饱和溶液的恒温器内
二水合草酸	$Na_2C_2O_4 \cdot 2H_2O$	$NaOH$、KOH、$KMnO_4$	室温空气干燥
邻苯二甲酸氢钾	$KHC_8O_4H_4$	$NaOH$、KOH 等强碱	110～120℃烘至恒重,干燥器内保存
重铬酸钾	$K_2Cr_2O_7$	还原剂	120℃烘 3～4h,干燥器内保存
溴酸钾	$KBrO_3$	还原剂	130℃烘干至恒重,干燥器内保存
碘酸钾	KIO_3	还原剂	130℃烘干至恒重,干燥器内保存
铜	Cu	还原剂	稀醋酸、水、乙醇、甲醇依次洗涤,干燥器内保存 24h 以上
三氧化二砷	As_2O_3	氧化剂	120℃烘干至恒重,干燥器内保存
草酸钠	$Na_2C_2O_4$	氧化剂	130℃烘干至恒重,干燥器内保存
锌	Zn	EDTA	盐酸(1:3)、水、丙酮依次洗涤,干燥器内保存 24h 以上
氧化锌	ZnO	EDTA	900～1000℃灼烧至恒重,干燥器内保存
碳酸钙	$CaCO_3$	EDTA	110℃烘干至恒重,干燥器内保存
氯化钠	$NaCl$	$AgNO_3$	500～600℃灼烧至恒重,干燥器内保存
硝酸银	$AgNO_3$	氯化物	硫酸干燥器内干燥至恒重并保存

附录四　常用酸碱的密度和浓度

试剂名称	密度/(g/mL)	质量分数/%	浓度/(mol/L)
盐酸	1.18～1.19	36～38	11.6～12.4
硝酸	1.39～1.40	65～68	14.4～15.2
硫酸	1.83～1.84	95～98	17.8～18.4
磷酸	1.69	85	14.6
高氯酸	1.67～1.68	70～72	11.7～12.0
氢氟酸	1.13～1.14	40	22.5
氢溴酸	1.49	47	8.6
冰醋酸	1.05	99.8(优级纯)　99.0(分析纯)	17.4
醋酸	1.05	36	6.0
氨水	0.88～0.91	27～30	13.3～14.8
三乙醇胺	1.12	—	7.5

附录五　常用指示剂的配制

(1) 酸碱指示剂

指示剂名称	pH 变色范围与指示剂颜色	配制方法
甲基紫 (第一变色范围)	0.13～0.5 黄-绿	0.1%水溶液
甲基紫 (第二变色范围)	1.0～1.5 绿-蓝	0.1%水溶液

指示剂名称	pH 变色范围与指示剂颜色	配制方法
百里酚蓝 （第一变色范围）	1.2～2.8 红-黄	1. 0.1g 指示剂溶于 100mL 20％乙醇中 2. 0.1g 指示剂溶于含有 4.3mL 0.05mol/L NaOH 溶液的 100mL 水溶液
五甲氧基红	1.2～2.3 红紫-无色	0.1g 指示剂溶于 100mL 70％乙醇中
甲基紫 （第三变色范围）	2.0～3.0 蓝-紫	0.1％水溶液
甲基橙	3.1～4.4 红-橙黄	0.1％水溶液
溴酚蓝	3.0～4.6 黄-蓝	1. 0.1g 指示剂溶于 100mL 20％乙醇中 2. 0.1g 指示剂溶于含有 3mL 0.05mol/L NaOH 溶液的 100mL 水溶液
刚果红	4.0～5.2 蓝紫-红	0.1％水溶液
溴甲酚绿	3.8～5.4 黄-蓝	1. 0.1g 指示剂溶于 100mL 20％乙醇中 2. 0.1g 指示剂溶于含有 2.9mL 0.05mol/L NaOH 溶液的 100mL 水溶液
甲基红	4.4～6.2 红-黄	0.1g 或 0.2g 指示剂溶于 100mL 60％乙醇中
四碘荧光黄	4.5～6.5 无色-红	0.1％水溶液
氯酚红	5.0～6.0 黄-红	1. 0.1g 指示剂溶于 100mL 20％乙醇中 2. 0.1g 指示剂溶于含有 4.7mL 0.05mol/L NaOH 溶液的 100mL 水溶液
溴酚红	5.0～6.8 黄-红	1. 0.1g 指示剂溶于 100mL 20％乙醇中 2. 0.1g 指示剂溶于含有 3.9mL 0.05mol/L NaOH 溶液的 100mL 水溶液
对硝基苯酚	5.6～7.6 无色-黄	0.1％水溶液
溴百里酚蓝	6.0～7.6 黄-蓝	1. 0.1g 指示剂溶于 100mL 20％乙醇中 2. 0.1g 指示剂溶于含有 3.2mL 0.05mol/L NaOH 溶液的 100mL 水溶液
中性红	6.8～8.0 红-亮黄	0.1g 指示剂溶于 100mL 6％乙醇中
酚红	6.4～8.2 黄-红	1. 0.05g 或 0.1g 指示剂溶于 100mL 20％乙醇中 2. 0.05g 或 0.1g 指示剂溶于含有 5.7mL 0.05mol/L NaOH 溶液的 100mL 水溶液
甲酚红	7.2～8.8 亮黄-红紫	1. 0.1g 指示剂溶于 100mL 50％乙醇中 2. 0.1g 指示剂溶于含有 5.3mL 0.05mol/L NaOH 溶液的 100mL 水溶液
百里酚蓝 （第二变色范围）	8.0～9.6 黄-蓝	同第一变色范围
酚酞	8.0～9.8 无色-紫红	0.1g 或 1g 指示剂溶于 100mL 60％乙醇中
百里酚酞	9.4～10.6 无色-蓝	0.1g 指示剂溶于 100mL 90％乙醇中
硝胺	10.0～13.0 无色-红棕	0.1g 指示剂溶于 100mL 60％乙醇中
达旦黄	12.0～13.0 黄-红	0.1％水溶液

（2）混合酸碱指示剂

混合指示剂组成	变色点 pH	酸色	碱色	备　注
1 份 0.1% 甲基黄乙醇溶液 1 份 0.1% 亚甲基蓝乙醇溶液	3.28	蓝紫	绿	pH 3.4 绿色 pH 3.2 蓝紫
1 份 0.1% 甲基橙水溶液 1 份 0.25% 靛蓝二磺酸水溶液	4.1	紫	黄绿	—
1 份 0.1% 溴甲酚绿钠盐水溶液 1 份 0.1% 甲基橙水溶液	4.3	橙	蓝绿	pH 3.5 黄色 pH 4.0 浅黄 pH 4.3 浅绿
3 份 0.1% 溴甲酚绿乙醇溶液 1 份 0.2% 甲基红乙醇溶液	5.1	酒红	绿	—
1 份 0.2% 甲基红乙醇溶液 1 份 0.1% 亚甲基蓝乙醇溶液	5.4	红紫	绿	pH 5.2 红紫 pH 5.4 暗蓝 pH 5.6 绿色
1 份 0.1% 氯酚红钠盐水溶液 1 份 0.1% 苯胺蓝水溶液	5.8	绿	紫	pH 5.6 淡紫色
1 份 0.1% 溴甲酚绿钠盐水溶液 1 份 0.1% 氯酚红钠盐水溶液	6.1	黄绿	蓝紫	pH5.4 蓝紫 pH 5.8 蓝色 pH 6.0 蓝微带紫 pH 6.2 蓝紫
1 份 0.1% 溴甲酚紫钠盐水溶液 1 份 0.1% 溴百里酚蓝钠盐水溶液	6.7	蓝	紫蓝	pH 6.2 蓝紫 pH 6.6 紫 pH 6.8 蓝紫
1 份 0.1% 中性红乙醇溶液 1 份 0.1% 亚甲基蓝乙醇溶液	7.0	蓝紫	绿	pH 7.0 蓝紫
1 份 0.1% 中性红乙醇溶液 1 份 0.1% 溴百里酚蓝乙醇溶液	7.2	玫瑰色	绿	pH 7.4 暗紫 pH 7.2 浅红 pH 7.0 玫瑰红
1 份 0.1% 溴百里酚蓝钠盐水溶液 1 份 0.1% 酚红钠盐水溶液	7.5	黄	紫	pH 7.2 暗绿 pH 7.4 淡紫 pH 7.6 深紫
1 份 0.1% 甲基红钠盐水溶液 3 份 0.1% 百里酚蓝钠盐水溶液	8.3	黄	紫	pH 8.2 玫瑰红 pH 8.4 紫色
1 份 0.1% 百里酚蓝 50% 乙醇溶液 3 份 0.1% 酚酞 50% 乙醇溶液	9.0	黄	紫	从黄到绿再到紫
2 份 0.1% 百里酚酞乙醇溶液 1 份 0.1% 茜素黄乙醇溶液	10.2	黄	绿	—
2 份 0.2% 尼罗蓝水溶液 1 份 0.1% 茜素黄乙醇溶液	10.8	绿	红棕	—

（3）络合滴定指示剂

指示剂名称	适宜的 pH 范围	颜色变化		配制方法
		指示剂本身	指示剂和金属离子的络合物	
铬黑 T	7～11	蓝	酒红	① 1g 铬黑 T 与 100g NaCl 研细，混匀 ② 0.2g 铬黑 T 溶于 15mL 三乙醇胺及 5mL 甲醇中 ③ 0.5g 铬黑 T 与 4.5g 盐酸羟胺溶于无水乙醇中，稀释至 100mL
钙试剂（又名铬蓝黑 R）	8～13	蓝	酒红	① 0.2% 水溶液 ② 1g 指示剂与 100gK$_2$SO$_4$ 研细，混匀

续表

指示剂名称	适宜的 pH 范围	颜色变化		配制方法
		指示剂本身	指示剂和金属离子的络合物	
钙指示剂	12~14	蓝	酒红	0.5g 钙指示剂与 100g NaCl（或 K₂SO₄）研细，混匀
酸性铬蓝 K	8~13	蓝	红	① 1g 指示剂与 100g K₂SO₄ 研细，混匀 ② 0.1％乙醇溶液
K-B 指示剂	8~13	蓝绿	红	① 0.2g 酸性铬蓝 K、0.5g 奈酚绿 B 及 35g 硝酸钾研细，混匀 ② 0.2g 酸性铬蓝 K、0.4g 奈酚绿 B 溶于 100mL 水中
钙镁试剂	8~12	蓝	橙红	0.05％水溶液或 0.1％乙醇溶液
1-(2-吡啶偶氮)-2-奈酚(PAN)	2~12	黄	红	0.2％乙醇溶液
4-(2-吡啶偶氮)间苯二酚(PAR)	3~12	黄	红	0.05％或 0.2％水溶液
百里酚酞络合剂	10~12	浅灰	蓝	① 0.5％水溶液 ② 1g 指示剂与 100g HNO₃ 研细，混匀
二甲酚橙(XO)	<6	黄	红紫	0.2％水溶液
甲基百里酚蓝	酸性溶液 7.2~11.5 11.5~12.5 >12.5	黄 浅蓝灰 暗蓝	蓝	1g 指示剂与 100g HNO₃ 研细，混匀
磺基水杨酸	2	无色	紫红	10％水溶液
紫脲酸胺	<9 9~11	紫中带红	黄 粉红	① 1％水溶液 ② 0.2g 指示剂与 100g NaCl 研细，混匀

（4）氧化还原指示剂

指示剂名称	变色电位 $E/V(pH=0)$	颜色变化		配制方法
		氧化态	还原态	
中性红	0.24	红色	无色	0.05g 指示剂溶于 100mL 乙醇中
酚藏花红	0.28	无色	红色	0.2％水溶液
亚甲基蓝	0.53	蓝色	无色	0.05％水溶液
变胺蓝	0.59(pH=2)	无色	蓝色	0.05％水溶液
二苯胺	0.76	紫色	无色	1％浓硫酸溶液
二苯胺磺酸钠	0.85	紫色	无色	0.2％水溶液
邻苯氨基苯甲酸	1.08	紫红	无色	0.1g 指示剂加 20mL 5％ Na₂CO₃ 溶液，用水稀释至 100mL
邻二氮菲-亚铁	1.06	浅蓝	红色	1.485g 邻二氮菲，0.695g 硫酸亚铁溶于 100mL 水中
硝基邻二氮菲-亚铁	1.25	浅蓝	紫红	1.608g 5-硝基邻二氮菲，0.695 硫酸亚铁溶于 100mL 水中
淀粉溶液[①]				5g 可溶性淀粉，加少许水调成浆状，不断搅拌下注入于 100mL 沸水中，微沸 1~2min。若要保持稳定，可加入少许 HgI₂
甲基橙[②]				0.1％水溶液

[①] 淀粉溶液本身并不具有氧化还原性，但在碘法中作指示剂使用。淀粉与 I_3^- 生成深蓝色吸附化合物，当 I_3^- 被还原时，深蓝色消失，因此蓝色的出现和消失可指示终点。通常称淀粉为氧化还原滴定中的特殊指示剂。

[②] 在溴酸碘法中使用。用 KBrO₃ 标准溶液滴定至溶液有微过量的 Br₂ 时，指示剂被氧化，结构遭到破坏，溶液退色，即可指示终点。因颜色不能复原，所以称为不可逆指示剂。

（5）沉淀滴定指示剂

指示剂名称	被测离子	滴定剂	滴定条件	颜色变化	配置方法
铬酸钾	Br^-,Cl^-	Ag^+	pH 6.5~10.5	乳白-砖红	5%水溶液
铁胺矾	$Ag+$	CNS^-	0.1~1mol/L HNO_3 溶液中	乳白-浅红	饱和1mol/L HNO_3 溶液(约40%)
荧光黄	Cl^-	Ag^+	pH 7~10	黄绿-粉红	0.2%乙醇溶液
二氯荧光黄	Cl^-	Ag^+	pH 4~10	黄绿-红	0.1%水溶液
曙红	Br^-,I^-,SCN^-	$Ag+$	pH 2~10	橙-深红	0.5%水溶液
罗丹明 6G	Ag^+	Br	酸性溶液	橙-红紫	0.1%水溶液
茜素红 S	SO_4^{2-}	Ba^{2+}	pH 2~3	白-红	0.05%或0.2%水溶液

附录六　标准溶液和几种常用缓冲溶液的配制

（1）标准缓冲溶液的配制

pH(25℃)	标准缓冲溶液
3.557	饱和酒石酸氢钾(0.034mol/kg)
4.008	邻苯二甲酸氢钾(0.050mol/kg)
6.865	0.025mol/kg KH_2PO_4＋0.025mol/kg Na_2HPO_4
9.180	硼砂(0.010mol/kg)
12.454	饱和氢氧化钙

（2）几种常用缓冲溶液的配制

常用缓冲溶液的组成	缓冲溶液pH值	缓冲溶液配制方法
一氯乙酸-NaAc	2.1	取 100g 一氯乙酸溶于 200mL 水中,加无水 NaAc 10g,稀释至 1L
氨基乙酸-HCl	2.3	取氨基乙酸 150g 溶于 500mL 水中后,加浓 HCl 80mL,用水稀释至 1L
H_3PO_4-柠檬酸盐	2.5	取 Na_2HPO_4·$12H_2O$ 113g 溶于 200mL 水后,加柠檬酸 387g,溶解过滤,稀释至 1L
一氯乙酸-NaOH	2.8	取 200g 一氯乙酸溶于 200mL 水中,加 NaOH 40g,溶解,稀释至 1L
邻苯二甲酸氢钾-HCl	2.9	取 500g 邻苯二甲酸氢钾溶于 500mL 水中,加浓 HCl 80mL,稀释至 1L
甲酸-NaOH	3.7	取 95 甲酸和 40g NaOH 于 500mL 水中,溶解,稀释至 1L
NaAc-HAc	4.0	取无水 NaAc 32g 溶于水中,加冰乙酸 120mL,稀释至 1L
NH_4Ac-HAc	4.5	取无水 NH_4Ac 77g 溶于水中,加冰乙酸 59mL,稀释至 1L
NaAc-HAc	4.7	取无水 NaAc 83g 溶于水中,加冰乙酸 60mL,稀释至 1L
NaAc-HAc	5.0	取无水 NaAc 160g 溶于水中,加冰乙酸 60mL,稀释至 1L
NH_4Ac-HAc	5.0	取无水 NH_4Ac 250g 溶于水中,加冰乙酸 25mL,稀释至 1L
六亚甲基四胺-HCl	5.4	取六亚甲基四胺 40g 溶于 200mL 水,加浓 HCl10mL,稀释至 1L
NaAc-HAc	5.5	取无水 NaAc 200g 溶于水中,加冰乙酸 14mL,稀释至 1L
NH_4Ac-HAc	6.0	取无水 NH_4Ac 600g 溶于水中,加冰乙酸 20mL,稀释至 1L
NaAc-H_3PO_4 盐	8.0	取无水 NaAc 50g 和 Na_2HPO_4·$12H_2O$ 50g 溶于水中,稀释至 1L
HCl-Tris(三羟甲基氨甲烷)	8.2	取 25gTris 试剂溶于水中,加浓 HCl 18mL,稀释至 1L
NH_3-NH_4Cl	9.2	取 54g NH_4Cl 溶于水中,加浓氨水 63mL,稀释至 1L
NH_3-NH_4Cl	9.5	取 54g NH_4Cl 溶于水中,加浓氨水 126mL,稀释至 1L
NH_3-NH_4Cl	10.0	取 54g NH_4Cl 溶于水中,加浓氨水 350mL,稀释至 1L

注：1. 缓冲溶液配制后可用 pH 试纸检测,如 pH 值不对,可用共轭酸或碱调节,pH 值欲调节精确时,可用 pH 计调节。

2. 若需增加或减少缓冲溶液的缓冲容量时,可相应增加或减少共轭酸碱对物质的量,再调节之。

附录七　定量和定性分析滤纸的规格

项　目	定量滤纸			定性滤纸		
	快速（白带）	中速（蓝带）	慢速（红带）	快速	中速	慢速
质量/(g/m²)	75	75	80	75	75	80
型号	201	202	203	101	102	10
孔径/μm	80～120	30～50	1～3	>80	>50	>3
过滤测定实例	$Fe(OH)_3$, $Al(OH)_3$, H_2SiO_3	SiO_2, $ZnCO_3$, $Mg\ NH_4PO_4$	$BaSO_4$, CaC_2O_4, $PbSO_4$	无机物沉淀的过滤分离及有机物重结晶的过滤		
最大水分/%	7	7	7	7	7	7
最大灰分/%	0.01	0.01	0.01	0.15	0.15	0.15
最高含铁量/%	—	—	—	0.003	0.003	0.003
最高水溶性氯化物含量/%	—	—	—	0.02	0.02	0.02

附录八　溶解无机样品的一些典型方法

物　料　类　型		典　型　溶　剂
活性金属		HCl, H_2SO_4, HNO_3
惰性金属		HNO_3, 王水, HF
氧化物		HCl, 熔融 Na_2CO_3, 熔融 Na_2O_2
黑色金属		HCl, 稀 H_2SO_4, $HClO_4$
铁合金		HNO_3, HNO_3+HF, 熔融 Na_2O_2
非铁合金	铝或锌合金	HCl, H_2SO_4, HNO_3
	镁合金	H_2SO_4
	铜合金	HNO_3
	锡合金	HCl, H_2SO_4, H_2SO_4+HCl
	铅合金	王水, HNO_3, $HNO_3+C_4H_6O_6$(酒石酸)
	镍或镍-铬合金	王水, $HClO_4$, H_2SO_4
Zr,Hf,Ta,Nb,Ti 的金属氧化物,硼化物,碳化物,氮化物		HNO_3+HF
硫化物	酸溶	HCl, H_2SO_4, $HClO_4$
	酸不溶	HNO_3, HNO_3+Br_2, 熔融 Na_2O_2
	As,Sb,Sn 等	熔融 Na_2CO_3+S
磷酸盐		HCl, H_2SO_4, $HClO_4$
硅酸盐	二氧化硅含量较少	HCl, H_2SO_4, $HClO_4$
	硅不测定	H_2SO_4+HF 或 $HClO_4$, 熔融 KHF_2
	一般	熔融 Na_2CO_3, 熔融 Na_2CO_3, $+KNO_3$

附录九　定量分析实验仪器清单

(1) 个人仪器

名称	规格	数量/个	名称	规格	数量/个
酸式滴定管	50mL	1	容量瓶	250mL	1
碱式滴定管	50mL		容量瓶	50mL	7
烧杯	400mL	1	洗瓶	塑料	1
烧杯	250mL	1	移液管	25mL	1
烧杯	100mL	1	锥形瓶	250mL	3
量筒	100mL	1	表面皿	7～8cm	1
量筒	25mL	1	称量瓶	40mm×25mm	2
量筒	10mL	1	试剂瓶	500mL	1
吸量管	1mL	1	洗耳球		1
吸量管	2mL	1	瓷坩埚		1
吸量管	5mL	1	玻棒		2
吸量管	10mL	1	玻璃漏斗		1

(2) 公用仪器

分析天平；分光光度计；滴定管架；电热干燥箱；电热板；水浴锅；干燥器；托盘天平；马弗炉；坩埚钳；移液管架；漏斗架；牛角勺；滤纸；定量滤纸；试管刷。

附录十　常用正交设计表

表 $L_4(2^3)$ 正交表

试验号	1	2	3
1	1	1	1
2	1	2	2
3	2	1	2
4	2	2	1

表 $L_8(2^7)$ 正交表

试验号	1	2	3	4	5	6
1	1	1	1	1	1	1
2	1	1	1	2	2	2
3	1	2	2	1	1	2
4	1	2	2	2	2	1
5	2	1	2	1	2	1
6	2	1	2	2	1	2
7	2	2	1	1	2	2
8	2	2	1	2	1	1

表 $L_{16}(2^{15})$ 正交表

试验号	1	2	3	4	5	6	7	8	9	10	11	12	13	14	15
1	1	1	1	1	1	1	1	1	1	1	1	1	1	1	1
2	1	1	1	1	1	1	1	2	2	2	2	2	2	2	2
3	1	1	1	2	2	2	2	1	1	1	1	2	2	2	2
4	1	1	1	2	2	2	2	2	2	2	2	1	1	1	1
5	1	2	2	1	1	2	2	1	1	2	2	1	1	2	2
6	1	2	2	1	1	2	2	2	2	1	1	2	2	1	1
7	1	2	2	2	2	1	1	1	1	2	2	2	2	1	1
8	1	2	2	2	2	1	1	2	2	1	1	1	1	2	2
9	2	1	2	1	2	1	2	1	2	1	2	1	2	1	2
10	2	1	2	1	2	1	2	2	1	2	1	2	1	2	1
11	2	1	2	2	1	2	1	1	2	1	2	2	1	2	1
12	2	1	2	2	1	2	1	2	1	2	1	1	2	1	2
13	2	2	1	1	2	2	1	1	2	2	1	1	2	2	1
14	2	2	1	1	2	2	1	2	1	1	2	2	1	1	2
15	2	2	1	2	1	1	2	1	2	2	1	2	1	1	2
16	2	2	1	2	1	1	2	2	1	1	2	1	2	2	1

附录十一　滴定分析实验操作（NaOH 溶液浓度的标定）考查表

对象	项目	分数	评定
天平	（1）取下、放好天平罩，检测水平，清扫天平	3	
	（2）开机（调节零点）	2	
	（3）称量（称量瓶＋邻苯二甲酸氢钾）		
	①重物置盘中央	2	
	②关闭天平门读数、记录	2	
	减量法倒出邻苯二甲酸氢钾		
	①手不直接接触称量瓶	2	
	②敲瓶动作（距离适中，轻敲上部，逐渐竖直，轻敲瓶口）	2	
	③未倒出杯外	2	
	④称一份试样，倒样不多于 3 次（多一次扣 1 分）	3	
	⑤称量范围 1.6～2.4g，超出±0.1g，扣 1 分	3	
	⑥称量时间（调好零点到记录第二次读数）在 10min 内，超过 1min 扣 1 分	2	
	⑦结束工作（清洁、关天平门、罩好天平罩，登记使用记录）	2	
	小计	25	
容量瓶	（1）清洁（内壁不挂水珠）	1	
	（2）溶解邻苯二甲酸氢钾（全溶；若加热溶解，溶解后应冷却至室温）	1	
	（3）定量转入 100mL 容量瓶（转移溶液：冲洗烧杯、玻棒 5 次，不损失）	4	
	（4）稀释至标线（最后用滴管加水）	2	
	（5）摇匀	2	
	小计	10	
移液管	（1）清洁（内壁和下部外壁不挂水珠，吸干尖端内外水分）	2	
	（2）25mL 移液管用待吸液润洗 3 次（每次适量）	2	
	（3）吸液（手法规范，吸空不给分）	2	
	（4）调节液面至标线（管竖直，容量瓶倾斜，管尖靠容量瓶内壁，调节自如；不超过 2 次，超过一次扣 1 分）	2	
	（5）放液（管竖直，锥形瓶倾斜，管尖靠锥形瓶内壁，最后停留 15s）	2	
	小计	10	

续表

对象	项　目	分数	评定
滴 定	(1)清洁	1	
	(2)用操作液润洗3次	2	
	(3)装液,调初读数,无气泡,不漏液	3	
	(4)滴定		
	①滴定管(手法规范;连续滴加,液滴不成线)	4	
	②锥形瓶(位置适中,溶液做圆周运动)	3	
	③终点判断(近终点加1滴,半滴,颜色适中)	4	
	(5)读数(手不捏盛液部分,管竖直;眼与液面水平,读弯月面下缘实线最低点;读至0.01mL,及时记录)	3	
	小计	20	

对象	项　目				分数	评定
结 果	c_{NaOH}(平均值)=　　　mol/L,　相对平均偏差=　　　%.				25	
	准确度	分数	相对平均偏差	分数		
	±0.2%内	15	≤0.2%	10		
	±0.5%内	12	0.2%～0.4%	8		
	±1%内	9	0.4%～0.6%	6		
	±1%以外	6	>0.6%	4		

对象	项　目	分数	评定
其 他	(1)数据记录,结果计算(列出计算式,报告格式)	6	
	(2)清洁整齐	4	
	小计	10	
	总分	100	

附录十二　分析化学实验考试试卷 I

一、选择题（每题2分，共30分）

1. 用万分之一分析天平称取样品，其称量误差为（　　　）。

    A. 0.0001g　　　　　　　　　　　　B. 0.0002g

    C. 0.001g　　　　　　　　　　　　 D. 0.002g

2. 下面器皿需要用待装液润洗的是（　　　）。

    A. 锥形瓶，量筒　　　　　　　　　　B. 移液管，容量瓶

    C. 移液管，滴定管　　　　　　　　　D. 容量瓶，滴定管

3. 铬酸洗液是由下列哪种酸配成的溶液（　　　）。

    A. 浓硫酸　　　　　　　　　　　　　B. 浓硝酸

    C. 浓盐酸　　　　　　　　　　　　　D. 高氯酸

4. 欲取100mL试液作滴定（相对误差≤0.1%），最合适的仪器是（　　　）。

    A. 100mL量筒　　　　　　　　　　　B. 100mL有划线的烧杯

    C. 100mL移液管　　　　　　　　　　D.100mL容量瓶

5. 用 $K_2Cr_2O_7$ 作基准物质，直接配制 0.1000mol/L $K_2Cr_2O_7$ 标准溶液 500mL，适宜的容器为（　　　）。

    A. 带玻璃塞试剂瓶　　　　　　　　　B. 带橡皮塞试剂瓶

    C. 容量瓶　　　　　　　　　　　　　D. 刻度烧杯

6. 在移液管的使用中，不正确的操作是（　　　）。

    A. 用吸球吹出溶液　　　　　　　　　B. 自然流净后停15s

C. 插入操作液的中部   D. 使用前用操作液荡洗三次

7. 在标定 NaOH 溶液过程中，碱式滴定管橡皮管部出现了气泡，结果（   ）。

    A. 偏高   B. 偏低

    C. 基本不变   D. 无法判断

8. 用移液管移取溶液时，下面操作正确的是（   ）。

    A. 移液管垂直置于容器液面上方

    B. 移液管竖直插入溶液底部

    C. 移液管倾斜约 $30°$，使管尖与容器壁接触

    D. 容器倾斜约 $30°$，与竖直的移液管尖端接触

9. 配制铬酸洗液选择最合适的试剂规格是（   ）。

    A. 基准试剂   B. 分析纯   C. 实验试剂

10. 配制 $K_2Cr_2O_7$ 标准溶液选择最合适的试剂规格是（   ）。

    A. 基准试剂   B. 分析纯   C. 实验试剂

11. 吸光光度法制作吸收曲线时应改变下面哪个条件（   ）。

    A. 比色皿的厚度   B. 入射光波长   C. 标准溶液的浓度

12. 标定 NaOH 溶液的邻苯二甲酸氢钾中含有邻苯二甲酸，判断对测定结果的影响（   ）。

    A. 偏高   B. 偏低   C. 无影响

13. 配制 $Na_2S_2O_3$ 标准溶液时，下面操作错误的是（   ）。

    A. 将 $Na_2S_2O_3$ 溶液储存在棕色的试剂瓶中

    B. 将 $Na_2S_2O_3$ 溶解后煮沸

    C. 用台秤称量一定量的 $Na_2S_2O_3$

    D. 配制完放置一周后标定

14. 某同学有 $CaCO_3$ 为基准物质标定 EDTA 溶液的浓度，其正确表达 EDTA 标准溶液准确浓度的是（   ）。

    A. 0.02mol/L   B. 0.020mol/L

    C. 0.02000mol/L   D. 0.0200mol/L

15. $BaSO_4$ 重量分析沉淀形式选择最适宜的滤器或滤纸为（   ）。

    A. 慢速定量滤纸   B. 中速定量滤纸

    C. 快速定量滤纸   D. 快速定性滤纸

二、填空题（20 分）

1. 写出下列符号所表示的化学试剂纯度级别的名称。

(1) G. R. ＿＿＿＿＿＿＿＿＿   (2) A. R. ＿＿＿＿＿＿＿＿＿

(3) C. P. ＿＿＿＿＿＿＿＿＿   (4) B. R. ＿＿＿＿＿＿＿＿＿

2. 分析化学实验中所用玻璃器皿洗涤干净的标志是＿＿＿＿＿＿＿＿。

3. 为下列滴定选择合适的指示剂

(1) 以 Na_2CO_3 为基准物质标定 HCL 溶液＿＿＿＿＿＿＿＿

(2) 以 EDTA 滴定 Ca^{2+}＿＿＿＿＿＿＿＿

(3) 以 KIO_3 为基准物质标定 Na_2CO_3 溶液＿＿＿＿＿＿＿＿

4. 络合滴定法测定水中钙镁含量时，用到两种调节溶液 pH 值的缓冲溶液

（1）测钙时，加入＿＿＿＿＿＿＿＿＿溶液，控制溶液的 pH 值为＿＿＿＿＿＿＿＿＿＿＿＿。

（2）测钙镁总量时，加入＿＿＿＿＿＿＿＿＿溶液，控制溶液的 pH 值为＿＿＿＿＿＿＿＿＿＿＿。

5. 当用 $CaCO_3$ 标定 EDTA 的浓度时，若 Mg^{2+}-EDTA 溶液没有严格按照 1∶1 的比例配制，而是 $Mg^{2+}>$ EDTA，则会使标定结果＿＿＿＿＿＿＿＿＿＿＿＿。

6. 分光光度法测定微量铁时，加入盐酸羟胺的作用是＿＿＿＿＿＿＿＿＿＿＿＿，加入 NaAc 的作用是＿＿＿＿＿＿＿＿＿＿，加入邻菲罗啉的作用是＿＿＿＿＿＿＿＿＿＿。

7. 在分光光度法中，吸光度 A 在＿＿＿＿＿＿＿＿＿＿＿＿＿＿＿范围内，透光率在＿＿＿＿＿＿＿＿＿＿＿＿＿＿范围内浓度测量的相对误差最小。

8. 用甲醛法测定测定 N％时，反应前应用 NaOH 对甲醛和铵盐的游离酸进行处理，中和甲醛中的游离酸应采用＿＿＿＿＿＿＿＿＿＿＿为指示剂，处理铵盐选择＿＿＿＿＿＿＿＿＿＿指示剂。

9. 分光光度计的基本组成是＿＿＿＿＿＿＿＿＿＿＿＿＿＿，＿＿＿＿＿＿＿＿＿＿＿＿＿，＿＿＿＿＿＿＿＿＿＿＿＿＿，＿＿＿＿＿＿＿＿＿＿＿＿＿＿。

三、判断题（对的打"√"，错的打"×"，每小题 2 分，共 20 分）

1. 使用比色皿时，应先用被测溶液洗比色皿 2～3 次；被测液以装至比色皿的 3/4 高度为宜。　　　　　　　　　　　　　　　　　　　　　　　　　　　　（　　）

2. 在分光光度分析中，采用残壁溶液的目的是调节仪器的零点，减少测定误差。　　　　　　　　　　　　　　　　　　　　　　　　　　　　　　（　　）

3. 用 0.1mol/L HCl，使用酚酞做指示剂，终点为微红色，但 30s 后，红色退去，原因为指示剂失效。　　　　　　　　　　　　　　　　　　　　　　　　（　　）

4. 移液管移取溶液时，不应将尖端残留的部分溶液吹出。　　　　　　　（　　）

5. 碘量法中硫代硫酸钠滴定单质碘的滴定操作过程中，开始滴定速度快，轻微摇动，加入可溶性淀粉指示剂之后，滴定速度慢，剧烈摇动。　　　　　　　　（　　）

6. 硫代硫酸钠往往含有杂质，所以不能用直接法配制标准溶液。　　　（　　）

7. NaOH 溶液的配制和标定中，将准确称量的固体 NaOH 用蒸馏水在烧杯中溶解后，转入 1000mL 容量瓶中。　　　　　　　　　　　　　　　　　　　（　　）

8. EDTA 滴定 Ca^{2+}、Mg^{2+} 总量时，EDTA 先和 Mg^{2+} 络合，再与 Ca^{2+} 络合。（　　）

9. 碘量法测定铜合金中铜含量实验中，淀粉指示溶液要在临近终点时才加入。（　　）

10. 硫代硫酸钠溶液可以用重铬酸钾作基准物质标定。　　　　　　　　（　　）

四、简答题（每小题 5 分，共 15 分）

1. 阐述甲醛法测定硫酸铵中含氮量的原理。

2. 用钙标准溶液标定 EDTA 及水的总硬度时，吸取 3 份 Ca^{2+} 溶液或水样，同时加入氨性缓冲溶液，然后逐份滴定，这样好不好？为什么？

3. 用钙标准溶液标定 EDTA 溶液时，为什么要加入 1∶1 的 Mg-EDTA。

五、设计题（共 15 分）

1.（7 分）试用一最简便的方法测定用于络合滴定的蒸馏水中是否含有能封闭铬黑 T 指示剂的干扰离子。

2.（8 分）某试样可能含有 $NaOH$-Na_2CO_3 或 Na_2CO_3-$NaHCO_3$，以 HCl 标准溶液作

滴定剂时，怎样用双指示剂法来判别试样的组成？

附录十三　分析化学实验考试试卷 Ⅱ

一、选择题（每题 2 分，共 40 分）

1. 实验室内因用电不符合规定引起导线及电器着火，此时应迅速（　　　）。
   A. 首先切断电源，并用任意一种灭火器灭火
   B. 切断电源后，用泡沫灭火器灭火
   C. 切断电源后，用水灭火
   D. 切断电源后，用 CO_2 灭火器灭火

2. 实验过程中，不慎有酸液溅入眼内，正确的处理方法是（　　　）。
   A. 用大量水冲洗即可
   B. 直接用 $3\%\sim5\%NaHCO_3$ 溶液冲洗
   C. 先用大量水冲洗，再用 $3\%\sim5\%NaHCO_3$ 溶液冲洗即可
   D. 先用大量水冲洗，再用 $3\%\sim5\%NaHCO_3$ 溶液冲洗，然后立即去医院治疗

3. 被碱灼伤时的处理方法是（　　　）。
   A. 用大量水冲洗后，用 1‰硼酸溶液冲洗
   B. 用大量水冲洗后，用酒精擦洗
   C. 用大量水冲洗后，用 1‰碳酸氢钠溶液冲洗
   D. 涂上红花油，然后擦烫伤膏

4. 有关气体钢瓶的正确使用和操作，以下哪种说法不正确（　　　）。
   A. 不可把气瓶内气体用光，以防重新充气式发生危险
   B. 各种压力表可通用
   C. 可燃性气瓶（如 H_2、C_2H_2）应与氧气瓶分开存放
   D. 检查减压阀是否关紧，方法是逆时针旋转调压手柄至螺杆松动为止

5. 氧化剂要与（　　　）之类的化学品分割开来存放。
   A. 还原剂　　　　　　　　　　　B. 腐蚀性物料
   C. 易燃性液体　　　　　　　　　D. 有机溶液

6. 配制 NaOH 标准溶液时，正确的操作方法是（　　　）。
   A. 在托盘天平上迅速称取一定质量的 NaOH，溶解后用量瓶定容
   B. 在托盘天平上迅速称取一定质量的 NaOH，溶解后稀释到一定体积，再进行标定
   C. 在分析天平上准确称取一定质量的 NaOH，溶解后用量瓶定容
   D. 在分析天平上准确称取一定质量的 NaOH，溶解后用量筒定容

7. 洗涤不洁的比色皿时，最合适的洗涤剂为（　　　）。
   A. 去污粉＋水　　　　　　　　　B. 铬酸洗液
   C. 自来水　　　　　　　　　　　D. 稀硝酸＋乙醇

8. 用 pH 试纸测定某无色溶液的 pH 值时，规范的操作时（　　　）。
   A. 将 pH 试纸放入待测溶液中润滑后取出，半分钟内跟标准比色卡比较
   B. 将待测溶液倒在 pH 试纸上，跟标准比色卡比较
   C. 用干燥洁净的玻璃棒蘸取待测溶液，滴在 pH 试纸上，立即跟标准比色卡比较

D. 将 pH 试纸剪成小块，放在干燥清洁的表面皿上，再用玻璃棒蘸取待测溶液，滴在 pH 试纸上，0.5min 内跟标准比色卡比较

9. 铬酸洗液是由下列哪种酸配成的溶液？（　　　）。

A. 浓硫酸　　　　　　　　　　　　B. 浓硝酸

C. 浓盐酸　　　　　　　　　　　　D. 高氯酸

10. 测定纯金属钴中锰时，在酸性溶液中以 KIO_4 氧化 Mn^{2+} 成 MnO_4^-，用光度法测定试样中锰时，其参比溶液为（　　　）。

A. 蒸馏水　　　　　　　　　　　　B. 含 KIO_4 的试样溶液

C. KIO_4 溶液　　　　　　　　　　D. 不含 KIO_4 的试样溶液

11. $Na_2S_2O_3$ 标准溶液常用 $K_2Cr_2O_7$ 进行标定，所采用的滴定方法是（　　　）。

A. 直接滴定法　　　　　　　　　　B. 返滴定法

C. 置换滴定法　　　　　　　　　　D. 间接滴定法

12. 实验室中，必须现用现配的溶液是（　　　）。

A. 硬水　　　　　　　　　　　　　B. 氯水

C. 溴水　　　　　　　　　　　　　D. 氨水

13. （1+1）HCl 盐酸的浓度为（　　　）。

A. 12mol/L　　　　　　　　　　　B. 6mol/L

C. 4mol/L　　　　　　　　　　　　D. 3mol/L

14. 测定 $(NH_4)_2SO_4$ 中的氮时，不能用 NaOH 直接滴定的原因是（　　　）。

A. NH_3 的 K_b 太小　　　　　　　B. $(NH_4)_2SO_4$ 不是酸

C. NH_4^+ 的 K_a 太小　　　　　　　D. $(NH_4)_2SO_4$ 中含有的游离的 H_2SO_4

15. 在滴定分析中，所使用的锥形瓶中沾有少量蒸馏水，使用前（　　　）。

A. 需用滤纸擦干　　　　　　　　　B 必须烘干

C. 不必处理　　　　　　　　　　　D. 必须用标准溶液润洗 2～3 次

16. 某同学在实验报告中有以下实验数据：① 用分析天平称取 11.7068g 食盐；② 用量筒量取 15.26mL HCl 溶液；③用广泛 pH 试纸测得溶液的 pH 是 3.5；④用标准 NaOH 溶液滴定未知浓度的 HCl 用去 23.10mL NaOH 溶液。其中合理的数据是（　　　）。

A. ①④　　　　　　　　　　　　　B. ②③

C. ①③　　　　　　　　　　　　　D. ②④

17. 用 NaOH 标液滴定 $FeCl_3$ 溶液中的 HCl 时，加入哪种化合物可消除 Fe^{3+} 的干扰（　　　）。

A. EDTA　　　　　　　　　　　　B. 柠檬酸三钠

C. Ca-EDTA　　　　　　　　　　　D. 三乙醇胺

18. 在 pH=5～6 时，以 XO 为指示剂，用 EDTA 测定黄铜（锌铜合金）中的锌，以下几种方法哪种最合适（　　　）。

A. 以氧化锌为基准物质，在 pH=10.0 的氨性缓冲溶液中，以 EBT 作为指示剂

B. 以碳酸钙为基准物质，在 pH=12.0 时，以 KB 指示剂指示终点

C. 以氧化锌为基准物质，在 PH=6.0 时，以二甲酚橙作指示剂

D. 以碳酸钙为基准物质，在 pH=10.0 时，以 EBT 指示剂指示终点

19. 间接碘量法中加入淀粉指示剂的适宜时间是（　　　）。

A. 滴定开始时

B. 滴定至终点时

C. 滴定至 I_3^- 离子的红棕色退尽，溶液成无色

D. 在标准溶液滴定了近 50% 时

20. 紫外光谱中，要使测定结果相对误差最小，则样品最大吸收波长处的吸光度应在（   ）。

A. 0.05～0.25   B. 0.2～0.8

C. 0.85～1.3   D. 1.35～1.8

二、填空题（20 分）

1. （3 分）使用分液漏斗时应注意事项：使用前应注意在活塞上正确涂上_____并检查它_____。使用时应注意_____。使用完毕后_____。放进烘箱干燥时，应注意将_____否则_____。

2. （2 分）若配制 EDTA 溶液的水中含有 Mg^{2+}，当以金属 Cu 为基准物质，pH＝5～6 时，以 PAN 为指示剂标定 EDTA 后，在同样条件下测定溶液中的 Cu^{2+} 的含量时结果_____；若以金属锌为基准物质，XO 为指示剂标定 EDTA 后，用来测定水样中水的总硬度的结果会_____。（偏高，偏低或无影响）

3. （2 分）$(NH_4)_2SO_4$ 中含 N 量的测定实验中，中和甲醛时选用的指示剂是_____；中和 $(NH_4)_2SO_4$ 时选用的指示剂是_____。

4. （6 分）碘量法的误差主要来源于_____，_____；加入 KI 的主要作用是_____，_____；暗处置放 5min 后，加水 100mL，其主要作用是_____，_____。

5. （4 分）重量法实验中，$BaSO_4$ 沉淀先用_____洗，再用_____洗涤，其目的是_____。

6. （1 分）邻二氮菲分光光度法测 Fe 的实验中，加入盐酸羟胺的作用是_____。

7. （2 分）铁矿石中 Fe 含量的测定实验中，需要加入 H_2SO_4-H_3PO_4 混合酸，其作用是_____，_____。

三、简答题（20 分）

1. （5 分）吸光光度分析中选择测定波长的原则是什么？若某种有色物质的吸收光谱如下图所示，你认为选择哪一种波长进行测定 Y 比较合适？

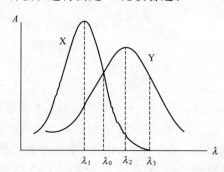

2. （5 分）$(NH_4)_2SO_4$ 中含 N 量的测定（甲醛法）实验中，要求称取样品 0.6～0.8g，

请简要说明理由。

3.（5分）用 $CaCO_3$ 标定 EDTA 时，需加入一定量的 Mg-EDTA，请简要说明其作用原理。

4.（5分）请简要解释下列实验现象：（1） CaF_2 在 pH=3.0 的溶液中的溶解度较其在 pH=4.0 的溶液中的溶解度大；[HF 的 $K_a=6.6\times10^{-4}$，$K_{sp}(CaF_2)=2.7\times10^{-11}$]；（2）根据 $Al(C_9H_6ON)_3$ 测定 Al 比根据 Al_2O_3 测定 Al 好。

$$[MAl_2O_3=101.96，MAl(C_9H_6ON)_3=460.00，MAl=26.98]$$

四、实验设计题（20分）

1.（10分）请设计试验确定混合碱（Na_2CO_3，$NaHCO_3$ 或 NaOH 中的一种或多种）的可能组成及各组分的含量。

2.（10分）试拟定一个测定工业产品 Na_2CaY 中 Ca 和 EDTA 质量分数的络合滴定方案。

附录十四　分析化学实验考试试卷 Ⅲ

一、选择题（每题2分，共40分）

1. 移液管和容量瓶的相对校准：用 25mL 移液管移取蒸馏水于 100mL 容量瓶中，重复四次。在液面最低处用胶布在瓶颈上另作标记。两者配套使用，以新标记为准。校正前，仪器的正确处理是（　　　）。

    A. 移液管应干燥，容量瓶不必干燥　　B. 移液管不必干燥，容量瓶应干燥

    C. 两者都应干燥　　　　　　　　　　D. 两者都不必干燥

2. 欲配制 500mLNaOH 溶液（标定后作标准溶液），量水最合适的仪器是（　　　）。

    A. 移液管　　　　　　　　　　　　　B. 500mL 烧杯

    C. 100mL 量筒　　　　　　　　　　　D. 500mL 试剂瓶

3. 当用 $CaCO_3$ 标定 EDTA 的浓度时，若 Mg^{2+}-EDTA 溶液没有严格按照 1∶1 的比例配制，而是 Mg^{2+}＞EDTA，则会使标定结果（　　　）。

    A. 偏高　　　　　　　　　　B. 偏低　　　　　　　　　　C. 无影响

4. 测定 N％时，反应前将甲醛和铵盐处理时，若 NaOH 过量，会使测定结果（　　　）。

    A. 偏高　　　　　　　　　　B. 偏低　　　　　　　　　　C. 无影响

5. 测定 N％时，反应前应用 NaOH 对甲醛和铵盐进行处理，处理甲醛应选择指示剂（　　　）。

    A. 甲基红　　　　　　　　　　　　　B. 甲基橙

    C. 二甲酚橙　　　　　　　　　　　　D. 酚酞

6. 若需将 0.02000mol/L $K_2Cr_2O_7$ 标准溶液稀释成 0.002000mol/L 250mL，应选择下列何种仪器？（　　　）。

    A. 25mL 量筒及 250mL 烧杯　　　　　B. 25mL 量筒及 250mL 容量瓶

    C. 25mL 移液管及 250mL 容量瓶

7. 水硬度测定时，已知 EDTA 浓度为 0.01003mol/L，消耗 EDTA5.61mL，计算水的总硬度时，有效数字应取（　　　）?

　　A. 五位　　　　　　　　　　　　　B. 四位

　　C. 三位　　　　　　　　　　　　　D. 二位

8. $Fe(OH)_3$ 重量分析沉淀形式选择最适宜的滤器或滤纸为（　　）。

　　A. 慢速定量滤纸　　　　　　　　　B. 中速定量滤纸

　　C. 快速定量滤纸　　　　　　　　　D. 快速定性滤纸

9. 测定金属钴中锰时，在酸性溶液中以 KIO_4 氧化 Mn^{2+} 成 MnO_4^- 光度测定，测定试样中锰时，其参比溶液为（　　）。

　　A. 蒸馏水　　　　　　　　　　　　B. 含 KIO_4 的试样溶液

　　C. KIO_4 溶液　　　　　　　　　　D. 不含 KIO_4 的试样溶液

10. 在三氧化六氨合钴组成测定 N 的过程中，除了可用盐酸吸收产生的氨外，还可以用以下的哪种酸吸收（　　）。

　　A. 醋酸　　　　　　　　　　　　　B. 硼酸

　　C. 氢氟酸　　　　　　　　　　　　D. 甲酸

11. 重量分析中沉淀溶解损失，属（　　）。

　　A. 过失误差　　　　　　　　　　　B. 操作误差

　　C. 系统误差　　　　　　　　　　　D. 随机误差

12. 某生以甲基橙为指示剂用 HCl 标液标定含 CO_3^{2-} 的 NaOH 溶液，然后用此 NaOH 测定试液中 HAc 的含量，则 HAc 含量将会（　　）。

　　A. 偏高　　　　　　　　　　B. 偏低　　　　　　　　　　C. 无影响

13. 以下表述正确的是（　　）。

　　A. 二甲酚橙只适于 pH>6 时使用

　　B. 二甲酚橙既适用于酸性也适用于碱性溶液

　　C. 铬黑 T 指示剂只适用于酸性溶液

　　D. 铬黑 T 只适于适用于弱碱性溶液

14. 下列指示剂中，哪一组全部适用于络合滴定（　　）。

　　A. 甲基橙、二苯胺磺酸钠、$NH_4Fe(SO_4)_2$

　　B. 酚酞、钙指示剂、淀粉

　　C. 二甲酚橙、铬黑 T、K-B 指示剂

　　D. 甲基红、$K_2Cr_2O_7$、PAN

15. 用含有少量 Cu^{2+} 的蒸馏水配制 EDTA 溶液，于 pH=5.0，用锌标准溶液标定 EDTA 溶液的浓度，然后用上述 EDTA 溶液于 pH=10.0 滴定试样中 Ca^{2+} 的含量。问对测定结果的影响是（　　）。

　　A. 偏高　　　　　　　　　　B. 偏低　　　　　　　　　　C. 基本无影响

16. 在络合滴定中，用返滴定法测定 Al^{3+} 时，若在 pH=5-6 时以某金属离子标准溶液返滴过量的 EDTA，最合适的金属标准溶液应该是（　　）。

　　A. Mg^{2+}　　　　　　　B. Zn^{2+}　　　　　C. Ag^+　　　　　　　D. Bi^{3+}

17. 在 pH=5.0 时，用 EDTA 溶液滴定含有 Al^{3+}、Zn^{2+}、Mg^{2+} 和大量 F^- 等离子的溶液，已知：$lgK_{AlY}=16.3$，$lgK_{ZnY}=16.5$，$lgK_{MgY}=8.7$，$lg\alpha_{Y(H)}=6.5$，则测定的是（　　）。

　　A. Al^{3+}、Zn^{2+}、Mg^{2+} 总量　　　　B. Zn^{2+}、Mg^{2+} 总量

　　C. Mg^{2+} 的总量　　　　　　　　　　D. Zn^{2+} 总量

18. 碘量法测定铜的过程中，加入 KI 的作用是（　　）。

    A. 氧化剂、络合剂、掩蔽剂　　　　B. 沉淀剂、指示剂、络合剂

    C. 还原剂、沉淀剂、络合剂　　　　D. 缓冲剂、络合剂掩蔽剂、预处理剂

19. 碘量法用的 $Na_2S_2O_3$ 的标准溶液，在保存过程中吸收了 CO_2 而发生分解反应（　　）。

$$S_2O_3^{2-} + H_2CO_3 \Longrightarrow HSO_3^- + HCO_3^- + S\downarrow$$

若用此 $Na_2S_2O_3$ 溶液滴定 I_2，则（　　）。

    A. 消耗 $Na_2S_2O_3$ 的量增大　　　　B. 消耗 $Na_2S_2O_3$ 的量增大

    C. 导致测定结果偏高　　　　D. 导致测定结果偏低

20. 在光度分析中，常出现工作曲线不过原点的情况，下述说法中不会引起这一现象的是（　　）。

    A. 测量和参比溶液所用比色皿不对称 B. 参比溶液选择不当

    C. 显色反应的灵敏度太低　　　　D. 显色反应的检测下限太高

二、填空题（20 分）

1. 在非缓冲溶液中用 EDTA 滴定金属离子时，溶液的 pH 值将_____。

2. 分度值为 0.1mg 的分析天平，欲称取 0.2000g 试样，要求称量的相对误差 ≤0.1%，则称量的绝对误差是_____。

3. 已知 $lgK_{ZnY}=16.5$ 和下表数据：

pH	4	5	6	7
lgαY(H)	8.44	6.45	6.55	3.32

若用 0.01mol/L EDTA 滴定 0.01mol/L Zn^{2+} 溶液，则滴定时最高允许酸度≈_____。

4. 用 EDTA 滴定 Bi^{3+} 时，消除 Fe^{3+} 干扰宜加入_____。

5. 在络合滴定中有时采用辅助络合剂，其主要作用是_____。

6. 用 EDTA 测定 Pb^{2+}，要求溶液的 pH≈5，用以调节酸度的缓冲溶液应选_____。

7. 用沉淀滴定法测定银，较适宜的方法为_____。

8. 吸收光谱曲线以_____为纵坐标，_____为横坐标。

9. 某 NaOH 标准溶液在保存过程中吸收了空气中的 CO_2，用它来标定 HCl 溶液的浓度时（用 NaOH 滴定 HCl），以甲基橙为指示剂，则对测得的 HCl 溶液浓度_____；以酚酞为指示剂，则对测得的 HCl 溶液浓度_____（偏高，偏低，基本不变）。

10. 在测定 Ba^{2+} 时，如果沉淀中有少量 $BaCl_2$ 共沉淀，测定结果是_____；如果沉淀中有少量 $(NH_4)_2SO_4$，测定结果是_____；如果沉淀中有少量 Na_2SO_4，测定结果是_____（偏高，偏低，基本不变）。

三、判断题（对的打"√"，错的打"×"，每小题 1 分，共 10 分）

1. 在氢氧化钠和硫代硫酸钠的配制过程中，所使用的煮沸并冷却的蒸馏水，它们的所起的作用是完全一样的。　　　　　　　　　　　　　　　　　　（　　）

2. 用酸碱滴定法测定 NaAc 的含量，即加入一定量过量的标准 HCl 溶液，然后再用 NaOH 标准溶液返滴定过量的 HCl，这种方法从原理上完全是可以的。（　　）

3. 在 pH=10 的氨性缓冲溶液中，若以铬黑 T 为指示剂，有 EDTA 单独滴定 Ca^{2+} 时，终点误差较大，此时可加入少量 MgY 作为间接指示剂，也可以用 Mg^{2+} 直接代替作为间接指示。（　　）

4. 测定软锰矿中 MnO_2 是基于在 HCl 介质中，MnO_2 能氧化 I^- 析出 I_2，以碘量法测定，但此时 Fe^{3+} 将产生干扰。若用 H_3PO_4 代替 HCl，则 Fe^{3+} 将不产生干扰。（　　）

5. pH=4 时用摩尔法标定 $AgNO_3$ 溶液，对分析测定结果的影响是偏高。（　　）

6. 将 0.5mol/L Ba^{2+} 与 0.1mol/L Na_2SO_4 溶液混合时，为使沉淀安全，需用动物胶（$pK_{a_1}=2$，$pK_{a_2}=9$）凝聚。凝聚作用应在 pH>9 酸度下进行较好。（　　）

7. 电子天平在第一次使用之前，一般应对其进行校准操作。（　　）

8. 用重量法测定 Ba^{2+} 时，$BaSO_4$ 沉淀用稀 H_2SO_4 作洗涤液；而洗涤 $Fe(OH)_3$，用铵盐的水溶液作洗涤液。（　　）

9. 试样中含有铵盐，此时用莫尔法滴定 Cl^-，对分析测定结果的影响是偏高。（　　）

10. 为了测定大理石中 $CaCO_3$ 的含量，可直接用标准 HCl 溶液滴定。（　　）

四、简答题（每小题 5 分，共 15 分）

1. 有人试图用酸碱滴定法来测定 NaAc 的含量，先加入一定量过量标准 HCl 溶液，然后用 NaOH 标准溶液返滴定过量的 HCl。上述涉及是否正确，试述其理由。

2. 配制试样溶液所有的蒸馏水中含有少量的 Ca^{2+}，若在和在 pH=10.0 氨性缓冲溶液中测定 Zn^{2+}，所消耗 EDTA 溶液的体积是否相同？在哪种情况下产生的误差大？

3. 碘量法中的主要误差来源有哪些？用 $K_2Cr_2O_7$ 标定 $Na_2S_2O_3$ 的过程中，应注意哪些事项？

五、计算题（共 15 分）

1. 欲配制缓冲液 1.0L，需要加入多少 NH_4Cl 多少克才能使 350mL 浓 NH_3 水（15mol/L）的 pH=10.0？[$K_b(NH_3)=1.8\times10^{-5}$，$M(NH_4Cl)=53.5g/mol$]（5 分）

2. 欲测定某黏土试样中的铁含量。称取黏土 1.000 试样，碱熔后分离出去 SiO_2，滤液定容为 250.0mL。用移液管移取 25.00mL 样品溶液，在 pH 2~2.5 的热溶液中，用磺基水杨酸作指示剂，滴定其中的 Fe^{3+}，用去 0.01108mol/L EDTA 溶液 7.45mL。试计算黏土样品中 Fe% 和 Fe_2O_3 %。

[$M(Fe)=55.85$，$M(Fe_2O_3)=159.69$]　（10 分）

参 考 文 献

[1] 李季，邱海鸥，赵中一．分析化学实验．武汉：华中科技大学出版社，2008.

[2] 常薇，郁翠华．分析化学实验．西安：西安交通大学出版社，2009.

[3] 金谷，姚奇志，江万权等．分析化学实验．合肥：中国科学技术大学出版社，2010.

[4] 王冬梅．分析化学实验．武汉：华中科技大学出版社，2007.

[5] 谷春秀．化学分析与仪器分析实验．北京：化学工业出版社，2012.

[6] 靳素荣，王志花．分析化学实验．武汉：武汉理工大学出版社，2009.

[7] 刘淑萍，孙彩云，赵艳琴等．分析化学实验．北京：中国计量出版社，2010.

[8] 黄杉生．分析化学实验．北京：科学出版社，2008.

[9] 黄朝表，潘祖亭．分析化学实验．北京：科学出版社，2013.

[10] 南京大学．无机及分析化学实验．第3版．北京：高等教育出版社，1998.

[11] 武汉大学．无机及分析化学实验．第2版．武汉：武汉大学出版社，2001.

[12] 郑春生等．基础化学实验（无机及化学分析实验部分）．天津：南开大学出版社，2001.

[13] 北京师范大学．无机化学实验．第3版．北京：高等教育出版社，2001.

[14] 武汉大学．无机化学实验．武汉：武汉大学出版社，2002.

参考文献